多元双正交插值型尺度函数和小波的构造及应用

Construction of Multivariate Interpolating Biorthogonal Refinable Function and Wavelets and Applications

温学兵◎著

重庆大学出版社

内容提要

本书是探究小波分析中的多元小波构造和基于 Box 样条的以平行六边形为周期的小波构造的科研成果，并对小波分析在手指静脉图像增强中的应用进行了有益尝试。本书以长期以来探讨和解决相关问题而完成的较为精细的公式推导和实验研究为依托，具有较强的开拓性与实用性；在回顾了小波及其应用的发展历史的基础上，探讨了多元$(\boldsymbol{M},\boldsymbol{R})$插值型双正交可加细函数向量的构造，构造了基于 Box 样条的以平行六边形为周期的二元周期正交小波、双正交插值小波，推导出了一种具体实现的快速算法，同时提出了一种基于静态小波变换软硬阈值法去噪的四邻点阈值图像法，并将其应用于对手指静脉图像增强的实验研究中。本书可作为小波分析理论研究和应用的参考书籍。

图书在版编目(CIP)数据

多元双正交插值型尺度函数和小波的构造及应用/温学兵著. --重庆：重庆大学出版社，2022.5

ISBN 978-7-5689-3247-9

Ⅰ.①多… Ⅱ.①温… Ⅲ.①小波理论—研究 Ⅳ.①O174.22

中国版本图书馆 CIP 数据核字(2022)第 072919 号

多元双正交插值型尺度函数和小波的构造及应用

DUOYUAN SHUANGZHENGJIAO CHAZHIXING CHIDU HANSHU HE XIAOBO DE GOUZAO JI YINGYONG

温学兵 著

策划编辑：杨粮菊

责任编辑：杨育彪　　版式设计：杨粮菊

责任校对：姜　凤　　责任印制：张　策

*

重庆大学出版社出版发行

出版人：饶帮华

社址：重庆市沙坪坝区大学城西路 21 号

邮编：401331

电话：(023)88617190　88617185(中小学)

传真：(023)88617186　88617166

网址：http://www.cqup.com.cn

邮箱：fxk@cqup.com.cn（营销中心）

全国新华书店经销

重庆紫石东南印务有限公司印刷

*

开本：720mm×1020mm　1/16　印张：5.75　字数：92 千

2022 年 5 月第 1 版　2022 年 5 月第 1 次印刷

ISBN 978-7-5689-3247-9　定价：49.00 元

前言

被称为“数学显微镜”的小波分析不仅是当代基础数学理论和计算数学发展的一个突破性成果,也是近代工程技术科学发展的一个必然产物。小波分析及其应用的历史是应用领域与理论领域的科学家共同创造的,这方面众多独立的发现和再发现为小波的诞生与发展奠定了基础。在具体的应用中,往往希望可加细函数或小波拥有尽量多的支集性、良好的衰减性、插值性、正交性、对称性、周期性等性质,以在实际应用中取得更好的效果。基于此,本书对小波分析中的多元小波构造和基于 Box 样条的以平行六边形为周期的小波构造进行了研究,并对小波分析在手指静脉图像增强中的应用进行了有益尝试。

本书共分 4 章:第 1 章回顾了小波及其应用的发展历史以及本书的研究背景;第 2 章对多元($\boldsymbol{M}$, $\boldsymbol{R}$)插值型双正交可加细函数向量的构造进行了讨论;第 3 章利用三向坐标系下平行六边形上广义的 Fourier 分析方法,从 Box 样条出发,构造了以平行六边形为周期的二元周期正交小波、双正交插值小波,并对分解重构公式进行处理,推导出了一种具体实现的快速算法,大大减少了计算量;第 4 章提出了一种基于静态小波变换软硬阈值法去噪的四邻点阈值图像法,并用其对手指静脉图像增强进行了实验研究,取得了较好的增强效果。

本书面向的读者对象主要是计算数学尤其是小波分析理论研究和应用的相关研究生及高校教师。

本书的出版得到了辽宁省自然科学基金(201805509960)和沈阳师范大学学术文库科研基金的资助,在此表示感谢!

温学兵

2022年1月

目录

第 1 章 绪论

1.1 小波分析及应用的历史回顾

1807 年,法国数学家 Jean Baptiste Joseph Fourier 指出,任何周期函数都可以用一个不同频率的正弦波和余弦波的无限和的形式来表达。到 19 世纪末,Fourier 分析理论的完善与发展已确定了它在科学界的重要地位,成为频谱分析的理想工具。

1909 年,匈牙利数学家 Alfrd Haar 发现了一个函数,它是由一个短的正脉冲接着一个短的负脉冲构成的,这就是最早出现的小波,后来被称为 Haar 小波[1]。

1930 年,剑桥大学的英国数学家 John Edensor Littlewood 和 R. E. A. C. Paley 开发出一种利用八度音阶将频率分组的方法,从而获得了可以在频率域进行较精准定位,并且在时间域也可以进行相对精准定位的信号。这便是最早的时-频分析方法。

1946 年,匈牙利裔的英国物理学家 Gabor 在文献[2]中提出 Gabor 变换(也称为窗口 Fourier 变换),它与 Fourier 变换有着相似之处,可以将一个波分成“时间-频率包”。Gbaor 的工作使在时间域和频率域上进行同时定位具有了现实可行性。

20 世纪 60 年代,美籍阿根廷数学家 Alberto Calderón 发现的 Calderón 表示定理(该定理提供的数学方法后来被数学家们发现可以使小波分解后重新恢复被分解的信号),以及 Hardy 空间的原子分解和长期以来人们对抽象空间无条件持之以恒的研究成果成为小波分析诞生的重要理论准备。

1981 年,Elf-Aquitaine 公司的工程师 Morlet 开发出了独特的分析震波信号的方法,可获得在空间上精准定位的信号,称为“恒定形状小波”(后来被称为 Morlet 小波)。Morelt 的方法虽然行之有效,但他并不满足于以经验主义的方式获得的证据,于是他开始探寻这套方法在数学理论上的合理性。Morlet 从马赛物理技术中心的物理学家 Alxe Grossmann 那里得到了他想要的答案。Grossmann 与 Morlet 一起工作了一年来确认波是可以通过它们的小波分解来进行重构的。他们在研究中发现,小波变换比 Fourier 变换更加有效,因为在计算中受到一些随机误差的干扰更少。在 Fourier 系数中一个误差或一次轻率的截断可以将一个光滑的信号变成跳跃性的不连续信号,而小波则避免了这样的灾难性后果。

Grossmann 和 Morlet 的结果[3]发表于 1984 年。在这篇论文中第一次用到了 Wavelet 这个词。当时被广泛认同为小波理论的创始人之一的 Meyer 在同一年的秋天听说了他们的结果。Meyer 在 Morlet 和 Grossmann 的论文发表前就已经 16 次发表过类似小波的概念。他第一个认识到了先前出现的小波,例如在 John Edensor Littlewood 和 R. E. A. C. Paley 研究中发现的小波与 Morlet 小波之间的联系。Meyer 后来又发现了一种新的小波[4],这种小波具有正交性(“正交性”的统计含义是不同平移的小波函数所捕捉的信息是完全独立的,即没有信息冗余)。

1986 年,Meyer 原来的学生,当时正在攻读计算机视觉博士学位的 Mallat 将小波理论同当时的子带编码和求积镜向滤波器方面的研究联系了起来,并与 Meyer 合作通过结合当时算子理论方面的最新研究成果和信号处理技术方面的最新成果,于 1987 年共同建立了多分辨率分析理论,为小波分析确立了完整的理论框架。Mallat 在 1989 年发表的文献[5]和 Meyer 在 1990 年发表的文献[6]里,正式提出了“多分辨率分析”(Multi-Resolution Analysis, MRA)的概念并描述了其相关理论。应该说

“多分辨率分析”的创立对小波分析理论的发展和成熟是具有划时代意义的,它使小波真正地成了一门独立的分析学学科。

1987 年,当时正在纽约大学库兰特学院访问的学者 Ingrid Daubechies(后来被聘为贝尔实验室的主管)等构造了一系列全新的小波——紧支集正交[7]和双正交小波[8,9],这些小波可以使用简单的数字滤波器来实施变换。Ingrid Daubechies 的创造性工作将小波理论变成了一种实用的数学工具,从而引发了小波在应用领域的迅速扩展,确立了 Ingrid Daubechies 在小波领域的核心地位,也标志着小波理论及应用进入了快速发展的阶段。

1996 年,Wim Sweldens 提出了小波的提升理论及算法,并于 1998 年与 Duabechies 一起证明了任何一元紧支集小波或滤波器组都可以分解成一系列提升与对偶提升步(Litfing steps)。这一结果表明,任何一元紧支集小波或滤波器组都可以由 Lazy 小波(只作数据采样)出发,经过一系列提升与对偶提升得到。小波的提升理论与算法的提出,为小波提供了新的构造工具,它提供了独立于 Fourier 分析的小波构造。小波分析的提升构造方法由于其不依赖于 Fourier 分析的特点,所以可构造处理非均匀采样数据的小波,甚至可以构造流形上的小波。这些基于非均匀采样数据的小波称为第二代小波。

小波在应用领域的出色表现迅速得到了应用领域科学家的青睐。1999 年,国际标准组织(ISO)批准了新的数字图像压缩技术标准,称为 JPEG2000。新的标准用小波变换取代离散余弦变换进行图像压缩,其中无损图像压缩采取的是 Daubechies 5×3 滤波器,而有损压缩采用的是 Daubechies 9×7 滤波器,其变换算法采用的是相应小波的提升变换算法。

随着小波理论体系的不断完善,小波分析在过去的二十几年中发展迅速。它的应用几乎覆盖了所有的科学领域。在数学方面,小波分析已成功地用于数值分析、构造快速数值方法、曲线曲面构造、微分方程求解、控制论等。其他领域如量子力学,理论物理,军事电子对抗与武器智能化,计算机分类与识别,音乐与语言的人工合成,医学成像与诊断,地震勘探数据处理,大型机械的故障诊断,信号滤波、去噪、压缩、传递,以及图像压缩、分类、识别、去污等也有运用。

工程师们不断尝试新的应用,数学家们不断寻找更好的小波。美国斯坦福大学的 Dvaid L. Donoho 和 Emmanuel Candes 提出了一种新系列的小波,称为“脊波”(ridgelet),这种小波是专门设计用于探测一条线路是否出现了中断情况的。其他形式的小波构造和应用也在如火如荼地进行。

如果有人问到数学的价值,数学家们通常会这样回答:当一个解决纯数学问题的方法作为一个概念提出来的时候,这个概念多年后可能有意想不到的应用。但小波的发展史却为这个提法涂上了一层复杂而更有趣的色彩。对于小波来说,是特殊的应用研究导致了新的理论的整合,小波分析理论的发展是基础科学与应用科学并行发展又相互融合促进的典范。小波分析解决了 Fourier 分析不能解决的许多困难问题,小波变换所具有的局部自适应性使小波获得了“数学显微镜”的殊荣,它是数学与信息科学发展史上的重要里程碑。

经历了数十年的发展和充实,小波分析的理论及其应用内容已经积累了难以计数的大量成果,这里我们无法将其一一罗列。为了方便读者对小波分析理论的理解,我们特别在本书的参考文献里选择了如下一些关于小波研究的经典书目,包括文献[6,9,10-18]等。在此需要特别提及的是,2006 年美国 Princeton 大学制作了一个针对小波研究发展的回顾性文献[19],其中收录了之前几乎所有的小波理论研究精华文献,这为小波分析学科的后继研究者提供了很大的帮助。

1.2 本书问题的研究背景

膨胀因子为 2 的经典一元可加细函数及加细方程的定义如下:如果 $\phi \in L_2(\mathbb{R})$ 满足

$$\phi(x) = \sum_{k \in \mathbf{Z}} a(k)\phi(2x - k), x \in \mathbf{R} \tag{1.1}$$

则称 ϕ 为膨胀因子为 2 的 2-可加细函数(或者 2-尺度函数),并称 a 为 2-可加细函数的 mask 函数。

容易看出,MRA 原则中多分辨率空间的生成是与可加细函数 ϕ 的性质息息相关的。根据 MRA 原则构造得到的小波及其小波拥有的性质也是与可加细函数 ϕ 密切相关的。选取什么样的可加细函数 ϕ,以及如何构造恰当的可加细函数 ϕ,这无论对小波分析的理论讨论,还是对具体的小波构造操作,都具有十分重要的意义。

在具体的应用问题中,往往希望可加细函数 ϕ 拥有如下一些良好的性质。像一定支集性、良好的衰减性、插值性、正交性、对称性等等。然而膨胀因子为 2 的经典一元加细方程[式(1.1)]和单小波的函数形式却给我们对可加细函数的选择带来了很多局限。在文献[9]和文献[20]里指出,满足正交条件并兼具插值性的一元紧支 2-可加细函数只有 Haar 函数,即单位区间上的特征函数。而文献[9]中又得到,同时兼具正交性和对称性的一元紧支 2-可加细实函数也是唯一的,且仍只能是 Haar 函数。虽然看起来 Haar 函数拥有诸多良好的数学性质,但是由于其结构过于简单且不满足连续性,使 Haar 函数在具体应用中很难具备良好的采样性能。所以,仅仅依靠现有的一元单小波的形式进行小波构造的研究,是无法得到更多具有良好性质的可加细函数和小波函数。这也就迫使人们不得不去寻求其他途径来获得和构造更多不同的小波。

1993—1994 年,全世界不同地方的小波学者不约而同地把研究的目光聚焦到函数向量形式下小波构造的问题上来。虽然在这一时期的文献[21-24]里,人们对多小波的说法和概念还不统一,但是他们的数学描述却出奇的一致。而第一个多小波标准正交基也正是在这些文献中首先给出的。Geronimo 等在 1994 年发表的文献[25]中首先给出了具有对称性的紧支连续可加细函数向量构造办法。相关文献可以参考[26-31]。这里特别要指出的是,Selesnick 在文献[32]中,通过推广插值型函数的概念,提出了插值型函数向量的形式,进而给出了满足插值性和正交条件的一元紧支连续甚至紧支连续可微的可加细函数向量构造方法。众所周知,紧支连续可加细函数是不存在的,由此可见,基于函数向量的多小波构造可以很好地克服单小波形式下所带来的缺陷。

然而现实生活中的问题多是多元问题,在实际应用的推动下,多元小波的理论和构造的研究越来越多。

构造多元小波最简单的方法就是张量积方法。张量积方法能够很容易由一元或低维小波直接构造出多元小波。然而,张量积小波只是多元小波中的一小部分,而且由于其自身结构的原因使其在许多的实际应用中不能满足人们的需要。又由于非张量积小波具有更大的自由度和一些张量积小波无法比拟的优点,因此,非张量积小波已成为目前多元小波构造的热点问题。

与一元单小波所面对的问题类似,多元单小波的形式也给多元小波的构造问题带来很多局限性。例如 Han 在文献[33]中就指出,对于 $s\times s$ 阶膨胀矩阵 $\boldsymbol{M}$,如果 $|\det\boldsymbol{M}|=2$,那么兼具连续性、正交性和对称性的多元紧支 M-可加细实函数是不存在的,同时具有连续性、止交性和插值性的多元紧支 M-可加细实函数也是不存在的。因此目前有关多元小波的构造研究都主要是在双正交条件下完成的,参见文献[26,27,34-39]。

近年来,在国内外小波分析专家的共同推动下,通过引入了更加丰富的函数向量形式(如插值型函数向量)和更多精妙的构造方法,多元多小波的构造研究取得了相当的进步,多元可加细函数向量的理论有了快速的发展。Chui, Jiang, Conti, Zimmermann 在文献[40,41]中第一次使用插值型向量加细格式。Han 等在文献[42]中给出了 Hermite 条件下的多元可加细函数向量构造理论。Han 在文献[43]中,围绕着多元正交紧支小波的构造以及多元小波框架的理论展开了系统的讨论,得到了一些极富价值的理论结果。Han 在文献[44]中,进一步从向量 Cascade 算法和向量型加细方程入手,对满足稳定性条件的向量加细格式的成立条件以及收敛条件进行了讨论,并借助和推广之前文献[45-47]中给出的和规则概念(sumrules),给出了多元可加细函数向量一般形式下和规则定义的形式,还为满足和规则条件的多元可加细函数向量给出了临界光滑指数的算法。可以说,Han 在文献[44]中完善了向量 Cascade 算法研究的理论基础和工具,同时也为未来多元可加细函数向量的构造提供了坚实的理论工具。文献[48]则是对文献[44]内容的一个补充,即对不满足稳定性条件的多元可加细函数向量的收敛性条件进行了讨论。Dahlke 等在文献[26]中以及 Selesnick 在文献[32]中提出了一元插值型多小波形式,Koch 在文献[49]中给出了一类全新的一元正交插值型紧支多小波构造办法。之后,结合 Jiang Qingtang 和

Han Bin 等关于多元可加细函数向量的理论,也是作为文献[49]中插值型函数理论的延伸和发展,Koch 在文献[50]里进一步提出了构造多元正交插值型紧支可加细函数向量及其多小波的构造方法,并给出了一批数值实例。虽然在 Koch 的研究中,并没有严格地讨论和论证一元以及多元插值型函数向量成立的条件,但是考虑其最后构造的结果,也说明了这种定义方式和构造方法的可行性。受 Koch 在文献[49]中所给出的插值型函数向量形式的启发,Han 等进一步推广了一元插值型可加细函数向量的形式,经过严格的数学论证,在文献[51]中给出了更广义的一元紧支插值型可加细函数向量形式,将 2 尺度一元可加细函数向量推广到任意尺度膨胀因子和任意重数,即$(\boldsymbol{d},\boldsymbol{r})$插值型可加细函数向量,这里 $\boldsymbol{d}$ 是一元可加细函数向量的膨胀因子,$\boldsymbol{r}$ 是分量函数的个数,即函数向量的重数,并进一步给出了$(\boldsymbol{d},\boldsymbol{r})$插值型双正交可加细函数向量的构造方法。孙佳宁把[52]的理论进一步推广到多元情形,给出了一类更广义的、全新的、具有一般形式的$(\boldsymbol{M},\boldsymbol{R})$插值型正交可加细函数向量的构造方法。

基于当前既有的$(\boldsymbol{M},\boldsymbol{R})$插值型正交可加细函数向量等文章的研究成果,以及 Han Bin$(\boldsymbol{d},\boldsymbol{r})$插值型双正交可加细函数向量的研究,我们讨论了多元双正交对偶可加细函数向量的构造问题。本书首先构造了$(\boldsymbol{M},\boldsymbol{R})$对称插值型的尺度函数向量 $\tilde{\boldsymbol{y}}_{\mu}$。由于其对偶尺度函数向量为$(\boldsymbol{M},\boldsymbol{R})$对称插值型的要求过分苛刻,因此我们讨论了构造尺度函数向量为$(\boldsymbol{M},\boldsymbol{R})$对称插值型,其对偶为对称型尺度向量的双正交的情况,并给出了必要条件。在正交插值情况下,和规则中的基本函数向量 $\tilde{\boldsymbol{y}}_{\mu}$由于插值条件的引入可以很容易得到,而对于双正交情形,就没那么容易。Han 在文献[45]中给出了双正交可加细函数向量中基本函数向量 $\tilde{\boldsymbol{y}}_{\mu}$的一个定理,根据这个定理可以得到关于 $\tilde{\boldsymbol{y}}_{\mu}$的若干方程,我们给出了这个定理的一个新的证明。此外,Han 在文献[45]中没有给出多元情况下的数值例子,我们在多元$(\boldsymbol{M},\boldsymbol{R})$插值型双正交对称条件下对此做了有益的补充计算。

传统意义上的小波是定义在整个空间上的,而多数实际问题常常是有限区域上的问题。对有限区域上的问题,常用的解决办法是将有限区域上的数据向外延拓,然后利用定义在全空间上的小波进行处理。这样的处理方法会产生边界误差,同时需要大量的额外计算。因此构造有限区域上具有良好性质(光滑性、对称性、基插值性)的小波具有非常重要的意义。其中,构造周期小波是构造有限区域上小波的一类重要方法。

周期小波首先是由 Meyer[6] 和 Daubechies[9] 通过对定义在整个实轴上的已有小波周期化得到的。新加坡的 S. L. Lee 教授、德国的 G. Plonka 教授和中国的陈翰麟教授等为周期小波理论的建立和发展做出了重要的贡献。

Chui 等在文献[65]中,给出了一种利用三角多项式构造的周期小波。Plonka 等[68,69]、Koh 等[70] 和 Narcowich 等[66] 首先给出了周期多尺度分析的定义,建立了一维周期小波的一般性理论,然后得到了不同形式的周期尺度函数和周期小波。陈翰麟等在周期小波的构造方面做了许多重要的工作[71-77]。陈翰麟等在文献[71]中构造了一种实值正交周期小波,相应的分解和重构算法只有四项。后来陈翰麟、李登峰、彭思龙等构造出了一类双正交周期小波[72-76]。这类周期小波具有插值、对称、实值和良好的局部性,不过相应的对偶尺度函数和小波的构造以及分解与重构算法都需要用到周期尺度函数之间内积的计算。Goh 等给出了构造多元周期小波的一般方法[78]。

由于 Box 样条有许多好的性质,因此人们构造了许多基于 Box 样条的多元小波,关于 Box 样条理论和计算可参考文献[79-85]。Rimenschneider Shen、梁学章和金光日[86] 各自独立由 Box 样条出发,构造了二元 Box 样条正交小波。Chui 等从基于 Box 样条函数生成的多尺度分析出发,构造了多元非张量积型紧支集 Box 样条斜交小波[87]。Riemenschneider 等构造了具有紧支集的 Box 样条小波和预小波[88]。He 等人基于二元 Box 样条,构造出了具有任意给定光滑度的双正交 Box 样条小波[89]。Liang 等由 Box 样条函数出发,构造了一类正交周期小波,相应的分解和重构算法只有四项[90]。在文献[72]中,Chen 等构造了一元双正交插值周期小波,构造的小波同时具有双正交、插值、对称、实值和局部性等好的性质。但在文献[72]中构造对偶周期尺度函数和小波以及分解与重构算法时利用了循环矩阵(以初始周期尺度函数间的内积为元素的矩阵)的方法,需要大量的积分运算,计算复杂。文献

[93]对此方法进行了改进,构造的小波具有与文献[72]中同样的优点,但构造简单,并针对相应的分解与重构算法,给出了一种结合 FFT 技术实现的具体算法。

Sun 提出了二维三向坐标系平行六边形上的广义 Fourier 分析方法,为构造非乘积型周期域上的周期小波提供了方法[91]。李强、梁学章从二元 Box 出发,构造了一类三向坐标系下平行六边形上的周期正交小波[92]。笔者与李强合作,利用三向坐标系下平行六边形上广义 Fourier 分析的方法,从 Box 样条出发,首先构造了以平行六边形为周期的二元周期正交小波。在此基础上,利用文献[93]的思想,构造了以平行六边形为周期的双正交插值小波。构造的小波同时具有双正交、插值、对称、实值等好的性质。由于是有限区域上的周期小波,不可避免地遇到了一个很麻烦的问题,即随着尺度的增加,滤波器的长度也在增加,这样就大大增加了计算量。我们利用三向坐标系下平行四边形上的广义快速 Fourier 变换对分解重构公式进行处理,推导出了一种具体实现的快速算法,大大减少了计算量。

小波分析的构造是研究热点,小波分析的应用也如火如荼。

基于手指静脉图像的身份识别技术是一种前景广阔的新型识别方法,但由于手指静脉图像采集系统受采集时间、光强和个人手背厚度影响,所以,它所采集的图像在灰度分布图上有很大差异。如果同一个人在不同光线情况下采集的灰度图像相差过大,会给随后的匹配增加难度,而图像增强处理是获取有效信息的保证。因此对手指静脉图像作一些包括增强在内的预处理是非常重要的。

在 Mallat 算法中,每次滤波后都要经过2∶1的亚采样,对应于图像边缘或不连续点的小波系数可能被抽采样,直接造成了图像分解和合成的非稳定性。为了克服这种缺陷,引入了静态小波变换算法。首先对原始静脉图像进行两层静态小波变换,然后根据不同频层的特点分别作去噪处理:对最低频,为了保持图像的平滑特性,采用软阈值方法;对中频层,由于其中含有静脉的边缘信息,这些边缘信息往往是以极值点的状态呈现,所以只保留中频层的极值点,其余点置为0;对高频层,由于其中大部分是孤立的噪声点,所以简单地采用硬阈值方法。最后对处理后的各频层作静态小波逆变换,得到去噪后的图像。

手指不同部位也许有不同的阈值,经典的多阈值、单阈值分割方法不太适合手指静脉图像分割。多阈值的分割效果好于单阈值。随着阈值增加,分割效果一般会更好。本书提出了一种四邻点阈值图像法,每个点的最终灰度值都参考了模板内部的各个点的灰度值,具有局部阈值特性,所以可得到比较好的结果。实验表明了算法的有效性和可行性。

第 2 章 多元 $(\boldsymbol{M},\boldsymbol{R})$ 插值型双正交可加细函数向量的构造

在实际应用中，我们通常希望可加细函数及函数向量（或称尺度函数及函数向量）可以同时具有紧支性、插值性、正交性等性质，而这往往难以实现。Selesnick 在文献[32]中，Zhou 在文献[54]中就指出膨胀因子为 2 的正交插值型紧支可加细函数是不存在的。为了摆脱这一局限性，人们很自然地将关注的对象转向了函数向量形式。在文献[32]中，Selesnick 通过推广插值型函数的概念，提出了插值型函数向量的形式，进而给出了满足插值性和正交条件的一元紧支连续甚至紧支连续可微的可加细函数向量构造方法。由此可见，基于函数向量的多小波构造可以很好地克服单小波形式下所带来的缺陷。

2007 年，Han 等在文献[51]中，推广了上述一元插值型可加细函数向量的研究成果，提出了一元情形下更为广义的 $(\boldsymbol{d},\boldsymbol{r})$ 插值型可加细函数向量，即膨胀因子为 $\boldsymbol{d}$ 的 $\boldsymbol{r}$ 重插值型可加细函数向量，并具体给出和研究了这一广义形式的成立条件及其他一些相关性质。

2.1 多元多尺度分析、和规则和索伯列夫指数的计算理论

$\mathbb{R}^s$表示 s 维实数空间,$\mathbb{Z}^s$表示 s 维整数空间,$\mathbb{C}^s$表示 s 维复数空间,$\mathbb{N}_0^s$ 表示 s 维非负整数空间,$\mathbb{Z}_+^s$ 表示 s 维正整数空间。

对于 $\mu=(\mu_1,\cdots,\mu_s)\in\mathbb{N}_0^s$,约定 $|\mu|:=|\mu_1|+\cdots+|\mu_s|$,$\mu!:=\mu_1!\ +\cdots+\mu_s!$,且对于 $\xi=(\xi_1,\cdots,\xi_s)\in\mathbb{R}^s$,$\xi^\mu:=\xi_1^{\mu_1},\cdots,\xi_s^{\mu_s}$。

设 $v=(v_1,\cdots,v_s)$和 $\mu=(\mu_1,\cdots,\mu_s)$是$\mathbb{N}_0^s$ 空间中的两个元素,如果当 $j=1,\cdots,i-1$ 时,$v_j=\mu_j$ 且 $v_i<\mu_i$,则称在字典序里 $v<\mu$。O_k 表示按照字典序(lexicographic order)排列的有序集合$\{\mu\in\mathbb{N}_0^s:|\mu|=k\}$,并用$\#O_k$ 记作为有限集合 O_k 的元素个数。

对于$\mathbb{R}^s$ 空间上的可微函数 f,约定 f 在第 j 个坐标方向的偏导表示为 $D_j f$,这里 $j=1,\cdots,s$,并且对于 $\mu=(\mu_1,\cdots,\mu_s)\in\mathbb{N}_0^s$,约定 D^μ 表示微分算子 $D_1^{\mu_1},\cdots,D_s^{\mu_s}$。

对于矩阵 $\boldsymbol{A}=(a_{i,j})_{1\leqslant i\leqslant I,1\leqslant i\leqslant J}$和 $\boldsymbol{B}=(a_{l,n})_{1\leqslant l\leqslant L,1\leqslant n\leqslant N}$,本书约定 $\boldsymbol{A}\otimes\boldsymbol{B}$ 表示矩阵 $\boldsymbol{A}$ 和 $\boldsymbol{B}$ 的(右)Kronecker 乘积,并有

$$\boldsymbol{A}\otimes\boldsymbol{B}:=\begin{pmatrix} a_{1,1}B & a_{1,2}B & \cdots & a_{1,J}B \\ a_{2,1}B & a_{2,2}B & \cdots & a_{2,J}B \\ \vdots & \vdots & & \vdots \\ a_{I,1}B & a_{I,2}B & \cdots & a_{I,J}B \end{pmatrix}$$

显然,$\boldsymbol{A}\otimes\boldsymbol{B}$ 是一个$(IL)\times(JN)$的矩阵。

对于 $1\leqslant p<\infty$,定义 $L_p(\mathbb{R}^s)$是由所有满足

$$\|f\|_{L_p(\mathbb{R}^s)}^p:=\int_{\mathbb{R}^s}|f(x)|^p\mathrm{d}x<\infty$$

的 Lebesgue 可测函数 f 构成的集合。

记 Sobolev 空间为 $W_p^k(\mathbb{R}^s)$,这里

$$W_p^k(\mathbb{R}^s):=\{f:D^\mu f\in L_p(\mathbb{R}^s),\forall\mu\in\mathbb{N}_0^s,|\mu|\leqslant k\}$$

记$f\in W_p^k(\mathbb{R}^s)$的范数为

$$\|f\|_{W_p^k(\mathbb{R}^s)}:=\sum_{|\mu|\leqslant k}\|D^\mu f\|_{L_p(\mathbb{R}^s)}$$

本书的讨论将主要集中在$L_2(\mathbb{R}^s)$空间里,即$p=2$。

设$f\in L_1(\mathbb{R}^s)$,我们如下定义f的 Fourier 变换

$$\hat{f}=\int_{\mathbb{R}^s}f(x)\mathrm{e}^{-\mathrm{i}x\cdot\xi}\mathrm{d}x,\xi\in\mathbb{R}^s$$

这里$x\cdot\xi$表示向量内积。

对于两个函数$f,g\in L_2(\mathbb{R}^s)$,定义内积

$$\langle f,g\rangle:=\int_{\mathbb{R}^s}f(x)\,\overline{g(x)}\mathrm{d}x$$

这里,$\overline{g(x)}$表示$g(x)$的共轭。由 Parseval 公式,可有$\langle f(x),g(x)\rangle=(2\pi)^{-1}\langle\hat{f}(x),\hat{g}(x)\rangle$。

$l_0(\mathbb{Z}^s)$表示$\mathbb{Z}^s$上所有有限支序列构成的线性空间;设$1\leqslant p<\infty$,$l_p(\mathbb{Z}^s)$表示$\mathbb{Z}^s$上所有满足$\|v\|_{l_p(\mathbb{Z}^s)}:=\left(\sum_{\beta\in\mathbb{Z}^s}|v|^p\right)^{1/p}<\infty$的序列$v$构成的线性空间;$(l_0(\mathbb{Z}^s))^{r\times s}$表示$\mathbb{Z}^s$上所有由$r\times s$矩阵构成的有限支序列组成的线性空间。

对于$\alpha\in\mathbb{Z}^s$,如下定义 Dirac 序列δ

$$\delta_\alpha=\begin{cases}0, & \alpha\in\mathbb{Z}^s\backslash 0,\\1, & \alpha=0。\end{cases}$$

定义 2.1.1　设$\boldsymbol{M}$是一个$s\times s$整数矩阵,如果$\boldsymbol{M}$的所有特征值的模数大于 1,即$\lim\limits_{n\to\infty}\boldsymbol{M}^{-n}=0$,则称$\boldsymbol{M}$为一个膨胀矩阵,这里约定$m:=|\det\boldsymbol{M}|$。

定义 2.1.2　如果$s\times s$膨胀矩阵$\boldsymbol{M}$相似于一个对角矩阵$\mathrm{diag}(\sigma_1,\cdots,\sigma_s)$,即存在一个$s\times s$可逆矩阵$\boldsymbol{\Lambda}$使得

$$\boldsymbol{\Lambda M\Lambda}^{-1}=\mathrm{diag}(\sigma_1,\cdots,\sigma_s)$$

并满足$|\sigma_1|=\cdots=|\sigma_s|=|\det\boldsymbol{M}|^{1/s}$,则称膨胀矩阵$\boldsymbol{M}$是一个各向同性膨胀矩阵。

由文献[55],$s\times s$矩阵$\boldsymbol{M}$是各向同性的当且仅当在$\mathbb{C}^{s\times 1}$上存在$\|\cdot\|_{\boldsymbol{M}}$范数使得下式成立:

$$\|\boldsymbol{M}x\|_{\boldsymbol{M}}=|\det\boldsymbol{M}|^{1/s}\|x\|_{\boldsymbol{M}},\forall x\in\mathbb{C}^{s\times 1}$$

对于一个矩阵或者算子$\boldsymbol{A}$,记$\boldsymbol{A}$的谱半径为$\rho(\boldsymbol{A})=\lim\limits_{n\to\infty}\|\boldsymbol{A}^n\|^{1/n}$。对于$s\times s$各向同性膨胀矩阵$\boldsymbol{M}$,$\rho(\boldsymbol{M})=|\det\boldsymbol{M}|^{1/s}$。

定义 2.1.3 设$\boldsymbol{M}$是一个$s\times s$的膨胀矩阵,如果嵌套的闭子空间序列$(V_i)_{i\in\mathbb{Z}}\subset L_2(\mathbb{R}^s)$满足

(1) $\forall j\in\mathbb{Z}, V_j\subset V_{j+1}$;

(2) $\forall j\in\mathbb{Z}, \cap V_j=\{0\}, \overline{\cup V_j}$在$L_2(\mathbb{R}^s)$上是稠密的;

(3) $\forall j\in\mathbb{Z}, f(x)\in V_j\Leftrightarrow f(Mx)\in V_{j+1}$;

(4)存在$\varphi(x)\in V_0$,使$\{\varphi(x-\beta)\}_{\beta\in\mathbb{Z}^s}$构成$V_0$的 Riesz 基。

则称闭子空间序列$(V_i)_{i\in\mathbb{Z}}$构成了$L_2(\mathbb{R}^s)$上的一个 MRA。

如果条件(4)里的φ为函数向量的形式,类似定义 2.1.3,可以得到如下向量加细方程的定义。

定义 2.1.4 设$\boldsymbol{\varphi}=[\boldsymbol{\varphi}_1,\cdots,\boldsymbol{\varphi}_r]^{\mathrm{T}}$是$L_2(\mathbb{R}^s)$上的一个函数向量,如果$r$重函数向量$\boldsymbol{\varphi}:\mathbb{R}^s\mapsto\mathbb{C}^{r\times1}$满足下面的向量加细方程

$$\boldsymbol{\varphi}(x):=|\det\boldsymbol{M}|\sum_{\beta\in\mathbb{Z}^s}a(\beta)\boldsymbol{\varphi}(\boldsymbol{M}x-\beta),\text{a. e.}\quad x\in\mathbb{R}^s \tag{2.1}$$

其中$a\in(l_0(\mathbb{Z}^s))^{r\times r}$,即是$\mathbb{Z}^s$上$r\times r$矩阵构成的一个有限支序列,则称$\boldsymbol{\varphi}$为$r$重$M$-可加细函数向量,这里我们称$a$是$M$-可加细函数向量的$r$重 mask 矩阵函数。当$r=1$时,则称$\boldsymbol{\varphi}$是$M$-尺度函数。

对式(2.1)作 Fourier 变换

$$\hat{\boldsymbol{\varphi}}(M^{\mathrm{T}}\xi)=\hat{a}(\xi)\hat{\boldsymbol{\varphi}}(\xi),\xi\in\mathbb{R}^s \tag{2.2}$$

其中

$$\hat{a}(\xi)=\sum_{\beta\in\mathbb{Z}^s}a(\beta)\mathrm{e}^{-\mathrm{i}\xi\cdot\beta},\xi\in\mathbb{R}^s \tag{2.3}$$

为了方便下面的讨论,$\hat{a}(\xi)$也被称为$\boldsymbol{\varphi}$的 mask 矩阵函数。

定义 2.1.5 设$\boldsymbol{f}$是$\mathbb{R}^s$空间上$r\times1$紧支函数向量,如果对于所有的$\xi\in\mathbb{R}^s$,$\operatorname{span}\{\hat{\boldsymbol{f}}(\xi+2\pi\beta):\beta\in\mathbb{Z}^s\}=\mathbb{C}^{r\times1}$,则称$\boldsymbol{f}$的平移是稳定的;如果对于所有的$\xi\in\mathbb{C}^{r\times1}$,$\operatorname{span}\{\hat{\boldsymbol{f}}(\xi+2\pi\beta):\beta\in\mathbb{Z}^s\}=\mathbb{C}^{r\times1}$,则称$\boldsymbol{f}$的平移是线性无关的。

由定义 2.1.5,易见如果$\boldsymbol{f}$的平移是线性无关的,那么$\boldsymbol{f}$的平移必然是稳定的。

此外,文献[46]还给出了如下关于稳定性的结论。

定义 2.1.6　如果$\boldsymbol{f}$是属于$(L_p(\mathbb{R}^s))^{r\times 1}$的紧支函数向量,$\boldsymbol{f}$的平移是稳定的,当且仅当存在两个正常数 C_1 和 C_2,使得对于任意 $v\in(l_p(\mathbb{Z}^s))^{1\times r}$,有

$$C_1\|v\|_{(l_p(\mathbb{Z}^s))^{1\times r}}\leqslant\left\|\sum_{\beta\in\mathbb{Z}^s}v(\beta)\boldsymbol{f}(-\beta)\right\|\leqslant C_2\|v\|_{(l_p(\mathbb{Z}^s)^{1\times r})}\tag{2.4}$$

注意到由于$\boldsymbol{f}\in(L_p(\mathbb{R}^s))^{r\times 1}$是紧支函数向量,所以很容易证明式(2.4)是有上界的,即正常数 C_2 是始终存在的。事实上,根据传统线性无关的定义,对于一个紧支撑函数向量$\boldsymbol{f}=[\boldsymbol{f}_1,\cdots,\boldsymbol{f}_r]^{\mathrm{T}}\in(L_p(\mathbb{R}^s))^{r\times 1}$,如果对于任意序列 $c_1,\cdots,c_r:\mathbb{Z}^s\mapsto\mathbb{C}$,若下式成立

$$\sum_{l=1}^{r}\sum_{\beta\in\mathbb{Z}^s}c_l(\beta)f_l(\cdot-\beta)=0,\text{a. e.}\quad x\in\mathbb{R}^s\tag{2.5}$$

就必然有对于所有的$\beta\in\mathbb{Z}^s$,$c_l(\beta)=0$,$l=1,2,\cdots,r$,则我们亦可称$\boldsymbol{f}$的平移是线性无关的(参见文献[46,51])。

下面则是关于 L_p 临界指数的定义。

定义 2.1.7　设$0<v\leqslant 1,0\leqslant p\leqslant\infty$,如果$f\in L_p(\mathbb{R}^s)$,且存在正常数 C,使得下式成立

$$\|f-f(\cdot-t)\|_{L_p(\mathbb{R}^s)}\leqslant C\|t\|^v\quad\forall t\in\mathbb{R}^s$$

则称$\boldsymbol{f}\in\mathrm{Lip}(v,L_p(\mathbb{R}^s))$。而且,对于$\boldsymbol{f}\in\mathrm{Lip}(v,L_p(\mathbb{R}^s))$,如果有

$$v_p(\boldsymbol{f}):=\sup\{n+v:D^\mu\in\mathrm{Lip}(v,L_p(\mathbb{R}^s)),\forall|\mu|=n\}\tag{2.6}$$

则称 $v_p(\boldsymbol{f})$为函数$\boldsymbol{f}$的 L_p 临界指数。

特别地,对于一个 r 重函数向量$\boldsymbol{f}=[\boldsymbol{f}_1,\cdots,\boldsymbol{f}_r]^{\mathrm{T}}\in(L_p(\mathbb{R}^s))^{r\times 1}$,本书约定 $v_p(\boldsymbol{f}):=\min\{v_p(\boldsymbol{f}_l):l=1,\cdots,r\}$。$\boldsymbol{f}$的 L_p 临界指数可以用来刻划函数$\boldsymbol{f}\in L_p(\mathbb{R}^s)$的 L_p 光滑度。

下面这个十分重要的量索伯列夫指数 $v_p(a;M)$在多元可加细函数向量的研究中起到十分重要的作用。首先让我们回顾多元情形下 $k+1$ 阶和规则的定义(参考文献[44,45])。

定义 2.1.8　设 a 是一个关于尺度膨胀矩阵$\boldsymbol{M}$和重数膨胀矩阵$\boldsymbol{R}$的 mask 矩阵函数,如果存在一个序列 $y\in(l_0(\mathbb{Z}^s))^{1\times r}$,其中 $\hat{y}(0)\neq 0$,满足

$$D^{\mu}[\hat{y}(\boldsymbol{M}^{\mathrm{T}}\cdot)\hat{a}(\cdot)](2\pi\tau_k) = \delta_k D^{\mu}\hat{y}(0), \forall |\mu| \leqslant k, \tau_k \in \Gamma_M \quad (2.7)$$

这里 $k=0,\cdots,m-1,k\in\mathbb{N}_0$,则称 a 在 $M\mathbb{Z}^s$ 上满足关于 y 的 $k+1$ 阶和规则。

定义 2.1.9 基于 Fourier 变换形式频域上的 $k+1$ 阶和规则定义,在文献[45]里,具体描述了在时域空间上的 $k+1$ 阶和规则定义。在文献[61]和文献[45]中都已证明,如果一个紧支可加细函数(或可加细函数向量)的 mask 矩阵函数 a 满足 $k+1$ 阶和规则,那么 φ 具有 $k+1$ 阶精确阶。

如文献[44]中给出的,对于给定的一个序列 $y\in(l_0(\mathbb{Z}^s))^{1\times r}$ 以及 $k\in\mathbb{N}_0\backslash\{0\}$,定义空间

$$V_{k,y}: = \{v \in (l_0(\mathbb{Z}^s))^{r\times 1}: D^{\mu}[\hat{y}(\cdot)\hat{v}(\cdot)](0) = 0, \forall |\mu| \leqslant k\} \quad (2.8)$$

利用卷积,显然有 $v_{0,y}:=(l_0(\mathbb{Z}^s))^{r\times 1}$。

事实上,引用文献[44]里的结果,设 a 是一个关于尺度膨胀矩阵 $\boldsymbol{M}$ 的 mask 矩阵函数,给定一个序列 $y\in(l_0(\mathbb{Z}^s))^{1\times r}$,定义

$$\rho_k(a;\boldsymbol{M},p,y): = \sup\{\lim_{n\to\infty} \| a_n * v \|^{1/n}_{(l_p(\mathbb{Z}^s))^{r\times 1}}: v \in V_{k,y}\}, 1 \leqslant p \leqslant \infty \quad (2.9)$$

其中 $\hat{a}_n:=\prod_{j=1}^{n}\hat{a}((\boldsymbol{M}^{\mathrm{T}})^{n-j}\xi)$,$V_{k,y}$ 由式(2.8)定义。取

$\rho_k(a;\boldsymbol{M},p):=\inf\{\rho_k(a;\boldsymbol{M},p,y)$:式(2.7)成立,这里 $k\in\mathbb{N}_0$,序列 $y\in(l_0(\mathbb{Z}^s))^{1\times r}$ 且满足 $\hat{y}(0)\neq 0\}$。

于是,可以严格定义下面的量

$$v_p(a;\boldsymbol{M}): = -\log_{\rho(M)}[|\det\boldsymbol{M}|^{1-1/p}\rho(a;\boldsymbol{M},p)], 1 \leqslant p \leqslant \infty \quad (2.10)$$

式(2.10)里给出的量即 Sobolev 指数 $v_p(a;\boldsymbol{M})$ 在刻划空间里向量 Cascade 算法的收敛性以及在可加细函数向量的 L_p 光滑度方面具有十分重要的意义。

下面的引理 2.1.1 来自文献[45],是建立在时域空间上和规则定义之上的关于 mask 矩阵函数的和规则阶数和可加细函数向量精确阶之间关系的一般性描述。

引理 2.1.1 [45,引理 2.4]设 $\boldsymbol{M}$ 是一个 $s\times s$ 的膨胀矩阵。令 $a\in(l_0(\mathbb{Z}^s))^{r\times r}$,1 是 $\hat{a}(0)$ 的一个简单特征值,并且 $\hat{a}(0)$ 的其他特征值的模小于 $\rho(\boldsymbol{M})^{-k}$。假定 $\varphi=[\varphi_1,\cdots,\varphi_r]^{\mathrm{T}}$ 是 一个关于膨胀矩阵 $\boldsymbol{M}$ 和 mask 矩阵函数 a 的可加细函数向量,如果序列$(\hat{\varphi}_j(2\pi[\beta+\tau_i]))\{0,\cdots,r-1\}$,即 φ 的平移是线性无关的,那么下列情况是等

价的：

(1)φ 具有 $k+1$ 阶精确阶；

(2)a 满足 $k+1$ 阶和规则条件。

而且，如果 a 满足关于 $\{y_\mu:\mu\in\mathbb{N}_0^s,\mu\leqslant k\}$ 的 $k+1$ 阶和规则条件，且有 $y(0)^{\mathrm{T}}\varphi(0)=1$，那么

$$\frac{x^\mu}{\mu!}=\sum_{0\leqslant v\leqslant\mu}\sum_{\beta\in\mathbb{Z}^s}\frac{\beta^v}{v!}y_{\mu-v}^{\mathrm{T}}\varphi(x-\beta)\tag{2.11}$$

一般情形下，如果 $\boldsymbol{\varphi}$ 是关于 mask 矩阵函数 a 和膨胀矩阵 $\boldsymbol{M}$ 的可加细函数向量，则 $v_p(a;\boldsymbol{M})$ 刻划了可加细函数向量 $\boldsymbol{\varphi}$ 的 L_p 光滑指数的下界，即 $v_p(a;\boldsymbol{M})\leqslant v_p(\boldsymbol{\varphi})$。如果 $\boldsymbol{\varphi}$ 是关于各向同性膨胀矩阵 $\boldsymbol{M}$ 的可加细函数向量，且它的平移在 $L_p(\mathbb{R}^s)$ 中是稳定的，那么[48，定理 4.1]则指出 $v_p(a;\boldsymbol{M})$ 就是可加细函数向量 $\boldsymbol{\varphi}$ 的 L_p 光滑临界指数，即 $v_p(a;\boldsymbol{M})=v_p(\boldsymbol{\varphi})$（参见[48，定理 4.1]）。此外，通常情形下，当 $1\leqslant p\leqslant q\leqslant\infty$，$k\in\mathbb{N}_0\backslash\{0\}$ 时，还可有

$$v_p(a;\boldsymbol{M})\geqslant v_q(a;\boldsymbol{M})\geqslant v_p(a;\boldsymbol{M})+(1/q-1/p)\log_{\rho(\boldsymbol{M})}|\det\boldsymbol{M}|\tag{2.12}$$

特别地，如果当膨胀矩阵 $\boldsymbol{M}$ 是各向同性膨胀矩阵，则 $v_2(a;\boldsymbol{M})\geqslant v_\infty(a;\boldsymbol{M})\geqslant v_2(a;\boldsymbol{M})-s/2$。

文献[52]中提出了$(\boldsymbol{M},\boldsymbol{R})$插值型可加细函数向量的理论并引入了两个膨胀矩阵的假定。

假定 2.1.1　假定 $\boldsymbol{M}$ 和 $\boldsymbol{R}$ 是膨胀矩阵，并有 $m:=|\det\boldsymbol{M}|$ 和 $r:=|\det\boldsymbol{R}|$。

(1)$\Gamma_{\boldsymbol{M}}:=\{\tau_0,\cdots,\tau_{m-1}\}$ 和 $\tilde{\Gamma}_{\boldsymbol{M}}:=\{\tilde{\tau}_0,\cdots,\tilde{\tau}_{m-1}\}$ 分别是 $(\boldsymbol{M}^{\mathrm{T}})^{-1}\mathbb{Z}^s\backslash\mathbb{Z}^s$ 和 $\mathbb{Z}^s\backslash\boldsymbol{M}\mathbb{Z}^s$ 上所有不同陪集代表的一个完全集合。

(2)$\Gamma_{\boldsymbol{R}}:=\{\rho_0,\cdots,\rho_{r-1}\}$ 和 $\tilde{\Gamma}_{\boldsymbol{R}}:=\{\tilde{\rho}_0,\cdots,\tilde{\rho}_{r-1}\}$ 分别是 $(\boldsymbol{R}^{\mathrm{T}})^{-1}\mathbb{Z}^s\backslash\mathbb{Z}^s$ 和 $\boldsymbol{R}^{-1}\mathbb{Z}^s\backslash\mathbb{Z}^s$ 上所有不同陪集代表的一个完全集合。

不失一般性，约定 $\tau_0=\tilde{\tau}_0=\rho_0=\tilde{\rho}_0=0$。

由假定 2.1.1，文献[18]指出，对应于膨胀矩阵 $\boldsymbol{M}$，总有

$$\mathbb{Z}^s=\cup_{\tilde{\tau}\in\tilde{\Gamma}_{\boldsymbol{M}}}\boldsymbol{M}\mathbb{Z}^s+\tilde{\tau}\tag{2.13}$$

即$\forall \beta \in \mathbb{Z}^s$，总可以由式(2.13)唯一确定$\tilde{\tau}_k \in \tilde{\Gamma}_M$，并存在一个$\lambda \in \mathbb{Z}^s$，使得$\beta = M\lambda + \tilde{\tau}$。于是式(2.3)可以写成

$$\hat{a}(\xi) = \sum_{\beta \in \mathbb{Z}^s} a(\beta) e^{-i\xi \cdot \beta} = \sum_{k=0}^{m-1} \sum_{\lambda \in \mathbb{Z}^s} a(M\lambda + \tilde{\tau}_k) e^{-i\xi \cdot (M\lambda + \tilde{\tau}_k)} \tag{2.14}$$

约定$\hat{a}(\xi)$的陪集$\hat{a}_k(\xi)$为

$$\hat{a}_k(\xi) = \sum_{\lambda \in \mathbb{Z}^s} a(M\lambda + \tilde{\tau}_k) e^{-i\xi \cdot (M\lambda + \tilde{\tau}_k)} \tag{2.15}$$

由式(2.15)易得$\hat{a}_k(\xi + 2\pi\tau_l) = e^{-i2\pi\tau_l \cdot \tilde{\tau}_k} \hat{a}(\xi)$，这里$l \in \{0, \cdots, m-1\}$。此外，由式(2.13)和式(2.14)，mask矩阵函数构成的集合$\{a(\beta)\}_{\beta \in \mathbb{Z}^s}$可分解成如下一些不相交的陪集集合

$$\{a(\beta)\}_{\beta \in \mathbb{Z}^s} = \bigcup_{k=0}^{m-1} \{a(M\lambda + \tilde{\tau}_k)\}_{\lambda \in \mathbb{Z}^s}$$

文献[45]中提出的CBC算法(Cosets By Cosets Algorithm)的实质，就是将多元可加细函数和多元小波的构造问题细化成对多元函数在多元空间上各个陪集的构造问题，而相应mask矩阵函数的构造问题也相应转化为对应于各个陪集的构造问题。同时，从某一个角度上看，如果我们在基于陪集的构造过程中，添加适当的约束条件，也能够使构造所得的mask矩阵函数a，乃至可加细函数和小波函数具备相应的所需特性。

下面的结论来自于文献[56]。

引理2.1.2 设$\boldsymbol{R}$是$s \times s$阶膨胀矩阵，沿用假定2.1.1里的记号，则有

$$|\det \boldsymbol{R}|^{-1} \sum_{j=0}^{r-1} e^{i2\pi\rho_j \cdot \alpha} = \begin{cases} 0, \alpha \neq R\,\mathbb{Z}^S, \\ 1, \alpha = R\,\mathbb{Z}^S。\end{cases} \tag{2.16}$$

由式(2.13)，对于任意$\alpha \in \mathbb{Z}^s$，总有$\alpha = \boldsymbol{R}\lambda + \boldsymbol{R}\tilde{\rho}_k$，这里$\lambda \in \mathbb{Z}^s$，$\tilde{\rho}_k \in \tilde{\Gamma}_R$，是唯一确定的，$k=0,\cdots,r-1$。所以通过引入假定2.1.1，式(2.16)等价于

$$|\det \boldsymbol{R}|^{-1} \sum_{j=0}^{r-1} e^{i2\pi\rho_j \cdot \boldsymbol{R}\tilde{\rho}_k} = \begin{cases} 0, k \neq 0, \\ 1, k = 0。\end{cases} \tag{2.17}$$

引理2.1.2建立了$(\boldsymbol{R}^{\mathrm{T}})^{-1}\mathbb{Z}^s \backslash \mathbb{Z}^s$和$\boldsymbol{R}^{-1}\mathbb{Z}^s \backslash \mathbb{Z}^s$的陪集之间的联系，在目前的多元

Fourier分析和多元小波分析的理论分析和计算中被广为引用。

在上面的陪集划分下,有如下形式的时域空间上和规则的定义。

定义2.1.10　设a是一个M-可加细函数向量的r重mask矩阵函数,如果存在一个的$r\times 1$序列$\{y_\mu\in\mathbb{R}^s:\mu\in\mathbb{N}_0^s,|\mu|\leqslant k\}$,其中$y_0\neq 0$,满足

$$\sum_{0\leqslant v\leqslant\mu}(-1)^{|v|}J_{\tilde{\tau}_k}^{a}(v)^{\mathrm{T}}y_{\mu-v}=\sum_{|v|=|\mu|}m(\mu,v)y_v \tag{2.18}$$

这里$\tilde{\tau}_k\in\tilde{\Gamma}_{\boldsymbol{M}},\mu\in\mathbb{N}_0^s$且满足$|\mu|\leqslant k$,

$$J_{\tilde{\tau}_k}^{a}(v)=\frac{|\det\boldsymbol{M}|}{v!}\sum_{\beta\in\mathbb{Z}^s}a(\boldsymbol{M}\beta+\tilde{\tau}_k)(\beta+\boldsymbol{M}^{-1}\tilde{\tau}_k)^v,v\in\mathbb{N}_0^s$$

而$m(\mu,v)$则由下式唯一确定

$$\frac{(\boldsymbol{M}^{-1}x)}{\mu!}=\sum_{|v|=|\mu|}m(\mu,v)\frac{x^\mu}{v!},x\in\mathbb{R}^s$$

则称a满足关于y_μ的$k+1$阶和规则。

其中的$m(\mu,v)$由下面方程计算

$$m(\mu,v)=D^v\frac{(\boldsymbol{M}^{-1}x)^\mu}{\mu!}\Big|_{x=0} \tag{2.19}$$

对于($\boldsymbol{M},\boldsymbol{R}$)插值型可加细函数向量,文献[52]给出了关于和规则的一个定理。

定理2.1.1　设$\boldsymbol{M}$是一个$s\times s$的各向同性膨胀矩阵,设$\boldsymbol{R}$是一个满足定义2.1.3的$s\times s$膨胀矩阵。如果$a\in(l_0(\mathbb{Z}^s))^{r\times r}$是($\boldsymbol{M},\boldsymbol{R}$)插值型mask矩阵函数,那么$a$满足$k+1$阶和规则当且仅当对于所有的$j=0,\cdots,r-1$和$|\mu|\leqslant k$,这里$\mu\in\mathbb{N}_0^s$,下式成立

$$\sum_{l=0}^{r-1}\sum_{\beta\in\mathbb{Z}^s}[a(\boldsymbol{M}\beta+\tilde{\tau}_k)]_{l+1,j+1}(\boldsymbol{M}\tilde{\rho}_l-\boldsymbol{M}\beta-\tilde{\tau}_k)^\mu=m^{-1}(\tilde{\rho}_j)^\mu \tag{2.20}$$

2.2　($\boldsymbol{M},\boldsymbol{R}$)插值型可加细函数向量的定义和充要条件

定义2.2.1　如果可加细函数φ是连续的,且满足

$$\varphi(\lambda) = \delta_\lambda, \forall \lambda \in \mathbb{Z}^s \tag{2.21}$$

则称可加细函数 φ 是具有插值性的，即 φ 是插值型可加细函数。

文献[52]中给出了多元($\boldsymbol{M},\boldsymbol{R}$)插值型可加细函数向量的定义如下。

定义 2.2.2　设 $\boldsymbol{M}$ 和 $\boldsymbol{R}$ 是两个 $s \times s$ 阶膨胀矩阵，并满足

$$\boldsymbol{RMR}^{-1} \text{ 是一个整数矩阵。} \tag{2.22}$$

如果 M-可加细函数向量 $\boldsymbol{\varphi} = (\boldsymbol{\varphi}_1, \cdots, \boldsymbol{\varphi}_r)^{\mathrm{T}}: \mathbb{R}^S \mapsto \mathbb{C}^{r\times 1}$ 是连续的，且满足

$$\boldsymbol{\varphi}_l(\lambda + \tilde{\rho}_p) = \delta_\lambda \delta_{l-p-1}, \forall \lambda \in \mathbb{Z}^s \tag{2.23}$$

这里 $l=1,\cdots,r$ 及 $p=1,\cdots,r-1$，则称 M-可加细函数向量 $\boldsymbol{\varphi}$ 具有关于膨胀矩阵 $\boldsymbol{R}$ 的($\boldsymbol{M},\boldsymbol{R}$)-插值性，即($\boldsymbol{M},\boldsymbol{R}$)插值型可加细函数向量，其中 $\boldsymbol{M}$ 和 $\boldsymbol{R}$ 分别是 $\boldsymbol{\varphi}$ 的尺度膨胀矩阵和重数膨胀矩阵。特别地，我们称 $\boldsymbol{\varphi}$ 的 mask 矩阵函数 a 为($\boldsymbol{M},\boldsymbol{R}$)插值型 mask 矩阵函数。

下文如不做特别说明，$\boldsymbol{M}$ 和 $\boldsymbol{R}$ 将始终表示尺度膨胀矩阵和重数膨胀矩阵。

两个常用的膨胀矩阵为梅花形膨胀矩阵(Quincunx dilation matrix)和 Box 样条膨胀矩阵(Box-spline dilation matrix)，它们都属于各向同性膨胀矩阵。

$$\boldsymbol{M}_q = \begin{pmatrix} 1 & -1 \\ 1 & 1 \end{pmatrix}, \qquad \boldsymbol{M}_b = \begin{pmatrix} 1 & 1 \\ 1 & -1 \end{pmatrix}$$

事实上，条件式(2.22)说明 $\boldsymbol{RMR}^{-1}\mathbb{Z}^s \subseteq \mathbb{Z}^s$，即 $\boldsymbol{MR}^{-1}\mathbb{Z}^s \subseteq \boldsymbol{R}^{-1}\mathbb{Z}^s$。结合假定 2.1.1，条件式(2.22)则说明对于任意的 $\tilde{\rho}_p \in \tilde{\Gamma}_{\boldsymbol{R}}$，都存在 $k_p \in \{0,\cdots,r-1\}$，使得 $\tilde{\rho}_{k_p} \in \tilde{\Gamma}_{\boldsymbol{R}}$ 满足下式

$$M\tilde{\rho}_p = B_p + \tilde{\rho}_{kp}, B_p \in \mathbb{Z}^s \tag{2.24}$$

下面则是关于定义 2.2.2 中插值型可加细函数向量的几个说明。

注 2.2.1　事实上，如果我们令紧支($\boldsymbol{M},\boldsymbol{R}$)插值型可加细函数向量定义中 $\boldsymbol{M} = \boldsymbol{R}$，那么紧支($\boldsymbol{M},\boldsymbol{R}$)插值型可加细函数向量就成了($\boldsymbol{M},\boldsymbol{M}$)插值型可加细函数向量，两个膨胀矩阵的陪集当然就一致了。

注 2.2.2　为了便于讨论，本书约定对于 $1 \leqslant l \leqslant r$，$E_l$ 表示关于膨胀矩阵 $\boldsymbol{R}$ 的第 Z 个单位坐标列向量，即第 Z 行上元素的值为 1，其他皆为 0 的 $r\times 1$ 列向量。于是

式(2.23)可以等价地写成如下的形式

$$\boldsymbol{\varphi}(\lambda + \tilde{\rho}_p) = \delta_\lambda E_{p+1}, \forall \lambda \in \mathbb{Z}^s, p = 0,\cdots,r-1 \tag{2.25}$$

注 2.2.3　满足定义2.2.2的紧支($\boldsymbol{M},\boldsymbol{R}$)插值型可加细函数向量$\boldsymbol{\varphi}$的平移是线性无关的。

注 2.2.4　任给一个紧支函数向量$\boldsymbol{\varphi} \in (L_2(\mathbb{R}^s))^{r\times 1}$,如下定义一个平移不变空间$\mathbb{S}(\boldsymbol{\varphi})$

$$f \in \mathbb{S}(\boldsymbol{\varphi}) := \left\{ \sum_{\beta \in \mathbb{Z}^s} c(\beta)\boldsymbol{\varphi}(x-\beta), c(\beta) \in (l_0(\mathbb{Z}^s))^{1\times r} \right\} \tag{2.26}$$

于是很容易可以看出,如果$\boldsymbol{\varphi}$是一个紧支($\boldsymbol{M},\boldsymbol{R}$)插值型函数向量,那么对于所有的$f \in \mathbb{S}(\boldsymbol{\varphi})$,式(2.27)始终成立。

$$f(x) = \sum_{l=1}^{r} \sum_{\beta \in \mathbb{Z}^s} f(\beta + \tilde{\rho}_{l-1})\boldsymbol{\varphi}(x-\beta) \tag{2.27}$$

下面我们给出文献[52]给出的($\boldsymbol{M},\boldsymbol{R}$)插值型可加细函数向量的充分必要条件,这个条件提供了计算并验证一个可加细向量为($\boldsymbol{M},\boldsymbol{R}$)插值型的要求。

定理 2.2.1　设$\boldsymbol{M}$是一个$s\times s$各向同性膨胀矩阵,设$\boldsymbol{R}$是一个满足条件式(2.22)的$s\times s$膨胀矩阵。令$\boldsymbol{\varphi} = (\varphi_1,\cdots,\varphi_r)^{\mathrm{T}}$是一个紧支$M$-可加细函数向量,满足$\hat{\boldsymbol{\varphi}}(\boldsymbol{M}^{\mathrm{T}}\xi) = \hat{a}(\xi)\hat{\boldsymbol{\varphi}}(\xi)$,那么$\boldsymbol{\varphi}$具有关于膨胀矩阵0的($\boldsymbol{M},\boldsymbol{R}$)-插值性,即$\boldsymbol{\varphi}$是一个连续函数向量且满足式(2.23),当且仅当下列条件成立:

①$[1,\cdots,1]\hat{\boldsymbol{\varphi}}(0) = 1$,这里$[1,\cdots,1]$是$1\times r$的向量;

②a是($\boldsymbol{M},\boldsymbol{R}$)插值型mask矩阵函数,$[1,\cdots,1]\hat{a}(0) = [1,\cdots,1]$,并有

$$a(\boldsymbol{M}\lambda + B_p)E_{k_p+1} = m^{-1}\delta_\lambda E_{p+1}, \forall \lambda \in \mathbb{Z}^s \tag{2.28}$$

这里的$B_p \in \mathbb{Z}^s, p = 1,\cdots,r-1$和$k_p \in \{0,\cdots,r-1\}$是如式(2.24)给出的。

③$v_\infty(a;M) > 0$。

如果取$\boldsymbol{M} = \boldsymbol{R}$,那么,实际上这个定理中所描述的插值条件的第二条就等价于插值条件$[a(\boldsymbol{M}\lambda + \rho_j)]_{i,1} = \delta_{0,\lambda}\delta_{i,j}$。

2.3 可加细函数向量的对称性和平衡性

本节给出多元函数情况下的对称性和平衡性的一般性描述。

在一元情形下,如果$\mathbb{R}$空间上的函数φ满足

$$\varphi(c-x)=\pm\overline{(\varphi(x))},x\in\mathbb{R}$$

则称函数φ具有关于点$c/2$的对称性,φ的对称中心为$c/2$。

等价地,可有$\overline{\hat{\varphi}(\xi)}=\pm e^{ic\xi}\hat{\varphi}(\xi),\xi\in\mathbb{R}$。特别地,$\varphi$是一个实值函数,亦即$\overline{\varphi}(x)=\varphi(x),x\in\mathbb{R}$,当且仅当$\overline{\hat{\varphi}(\xi)}=\hat{\varphi}(-\xi),\xi\in\mathbb{R}$。

而在多元情形下,文献[33]提供了关于多元可加细函数对称性的一般性描述方法,即$\mathbb{G}$-对称性。

定义 2.3.1　设$\boldsymbol{M}$是一个$s\times s$的膨胀矩阵,令$\mathbb{G}$是上一个由$s\times s$矩阵构成的有限集合且满足$\mathbb{G}\subset\{\boldsymbol{B}\in\mathbb{Z}^{s\times s}:|\det\boldsymbol{B}|=1\}$,如果基于矩阵乘法,$\mathbb{G}$构成了一个群,并对于所有$B\in\mathbb{G}$,$\boldsymbol{MBM}^{-1}\in\mathbb{G}$,则称$\mathbb{G}$是上关于膨胀矩阵$\boldsymbol{M}$的对称群。

由定义2.3.1,对于$B\in\mathbb{G}$,映射:$B\mapsto\boldsymbol{MBM}^{-1}$是一个由$\mathbb{G}$到$\mathbb{G}$的双射。因此对于所有$B\in\mathbb{G}$,必有$\boldsymbol{MBM}^{-1}\in\mathbb{G}$,或等价的有$\boldsymbol{M}^{-1}\boldsymbol{BM}\in\mathbb{G}$。

定义 2.3.2　设a是$\mathbb{Z}^s$上的一个mask函数,$\mathbb{G}$是$\mathbb{Z}^s$上的对称群,如果

$$a(\boldsymbol{B}(\beta-c_a)+c_a)=a(\beta),\forall\beta\in\mathbb{Z}^s,\boldsymbol{B}\in\mathbb{G}\tag{2.29}$$

则称序列a具有关于$c_a\in\mathbb{R}^s$的$\mathbb{G}$-对称性,这里c_a表示a的$\mathbb{G}$-对称中心。

对式(2.29)两端做Fourier变换,经计算易得如式(2.30)的等价形式

$$\hat{a}(\boldsymbol{B}^{\mathrm{T}}\xi)=e^{i(I_s-B)c_a\cdot\xi}\hat{a}(\xi),\forall\boldsymbol{B}\in\mathbb{G}\tag{2.30}$$

定义 2.3.3　设f是$\mathbb{R}^s\mapsto\mathbb{R}^s$上的一个函数,并且$\mathbb{G}$是$\mathbb{Z}^s$上的对称群,如果

$$f(\boldsymbol{B}(x-c_f)+C_f)=f(x),\forall x\in\mathbb{R}^s,\boldsymbol{B}\in\mathbb{G}\tag{2.31}$$

则称函数f具有关于$c_f\in\mathbb{R}^s$的$\mathbb{G}$-对称性,这里c_f表示函数f的$\mathbb{G}$-对称中心。

在一元情形下,关于膨胀因子$d>1$的对称群通常被取为$\mathbb{G}:=\{-1,1\}$。在二

元情形下,对称群则通常被取成如下$\mathbb{G}4$:和$\mathbb{G}6$:两种形式

$$\mathbb{G}4:\ \pm\begin{pmatrix}1&0\\0&1\end{pmatrix},\ \pm\begin{pmatrix}1&0\\0&-1\end{pmatrix},\ \pm\begin{pmatrix}0&1\\1&0\end{pmatrix},\ \pm\begin{pmatrix}0&-1\\1&0\end{pmatrix}$$

$$\mathbb{G}6:\ \pm\begin{pmatrix}1&0\\0&1\end{pmatrix},\ \pm\begin{pmatrix}0&-1\\1&-1\end{pmatrix},\ \pm\begin{pmatrix}1&-1\\0&-1\end{pmatrix},\ \pm\begin{pmatrix}0&1\\1&0\end{pmatrix},$$

$$\pm\begin{pmatrix}-1&1\\-1&0\end{pmatrix},\ \pm\begin{pmatrix}-1&0\\-1&1\end{pmatrix}\tag{2.32}$$

具体可参见文献[59, 60]。

定义 2.3.4　设$\boldsymbol{M}$和$\boldsymbol{N}$是两个$s\times s$的矩阵,如果存在$A,B\in\mathbb{G}$满足$\boldsymbol{N}=A\boldsymbol{M}B$,则称$\boldsymbol{N}$和$\boldsymbol{M}$是$\mathbb{G}$-等价的。

基于定义2.3.4,可有如下关系式,

$$\boldsymbol{M}^{j}\boldsymbol{N}^{-j}\in\mathbb{G},\ \forall j\in\mathbb{N}_0\tag{2.33}$$

下面是关于具有$\mathbb{G}$-对称性的紧支$(\boldsymbol{M},\boldsymbol{R})$插值型可加细函数向量的对称关系。

定理 2.3.1　设$\boldsymbol{M}$是一个$s\times s$的各向同性膨胀矩阵,设$\boldsymbol{R}$是一个满足条件式(2.22)的$s\times s$膨胀矩阵。令$\mathbb{G}$是关于$\boldsymbol{M}$的一个对称群,a是空间$\mathbb{Z}^s$上一个由$r\times r$矩阵构成的有限支序列。假定$\boldsymbol{\varphi}=(\varphi_1,\cdots,\varphi_r)^{\mathrm{T}}$是一个紧支的$(\boldsymbol{M},\boldsymbol{R})$插值型可加细函数向量,如果对于所有的$\boldsymbol{B}\in\mathbb{G}$和$l\in\{1,\cdots,r\}$,$(I_s-\boldsymbol{B})\tilde{\rho}_{l-1}\in\mathbb{Z}^s$,那么对于$l\in\{1,\cdots,r\}$,$\boldsymbol{\varphi}$的分量函数$\varphi_l$具有关于$\tilde{\rho}_{l-1}\in\tilde{\Gamma}_{\boldsymbol{R}}$的$\mathbb{G}$-对称性,当且仅当对于所有的$\beta\in\mathbb{Z}^s$和$j\in\{1,\cdots,r\}$,$[a(\beta)]_{l,j}$具有关于$\boldsymbol{M}\tilde{\rho}_{l-1}-\tilde{\rho}_{j-1}$的$\mathbb{G}$-对称性。

随着可加细函数向量理论研究的深入,与可加细函数向量有关的采样技术也在逐步发展。对于绝大多数的可加细函数向量,经典的采样算法有时不再适用。例如,可加细函数向量$\boldsymbol{\varphi}$具有$k+1$阶精确阶,而多项式$p\in\prod_k$在注2.2.4里式(2.26)的采样系数$c(\beta)$并不一定等于多项式的值。这使得mask矩阵函数缺少了一些重要的逼近性质。

为了解决这个问题,Lebrun和Vetterli最早在文献[57]中就一元情形提出了平衡性的概念。后来,Chui和Jiang等在文献[58,64]中针对多元情形下正交或者双

正交条件的可加细函数向量,提出了如下广义的平衡性定理。

定理2.3.2 一个双正交的可加细函数向量 $\tilde{\boldsymbol{\varphi}}=[\tilde{\boldsymbol{\varphi}}_1,\cdots,\tilde{\boldsymbol{\varphi}}_r]^{\mathrm{T}}\in(L_2(\mathbb{R}^S))^{r\times 1}$ 对于$\{\xi_1,\cdots,\xi_r\}\subset\mathbb{R}^s$是 $k+1$ 阶平衡的充分必要条件是

$$\sum_{\beta\in\mathbb{Z}^s}[(\beta+\xi_1)^{\alpha},\cdots,(\beta+\xi_r)^{\alpha}]\boldsymbol{\varphi}(x-\beta)\in\prod\nolimits_{|\alpha|}^{s} \tag{2.34}$$

这里 $\alpha\in\mathbb{N}_0^s$ 且$|\alpha|\leqslant k$。

2.4 多元双正交$(\boldsymbol{M},\boldsymbol{R})$插值型可加细函数向量的构造

本节将给出多元双正交$(\boldsymbol{M},\boldsymbol{R})$插值型可加细函数向量的定义、双正交条件和多元双正交 $\boldsymbol{M}$ 可加细函数向量的双正交条件,关于计算基本函数向量 $\tilde{\boldsymbol{y}}_{\mu}$ 的定理的一个新的证明。

定义 2.4.1 设 $\boldsymbol{M}$ 是一个 $s\times s$ 的各向同性膨胀矩阵,$\boldsymbol{\varphi}=(\varphi_1,\cdots,\varphi_r)^{\mathrm{T}}$ 和 $\tilde{\boldsymbol{\varphi}}=[\tilde{\boldsymbol{\varphi}}_1,\cdots,\tilde{\boldsymbol{\varphi}}_r]^{\mathrm{T}}$ 是一对紧支 $\boldsymbol{M}$ 可加细函数向量。$a(\beta)$, $\tilde{a}(\beta)$分别为它们对应的有限支 mask 矩阵序列,$\beta\in\mathbb{Z}^s$。称 $\boldsymbol{\varphi}=(\varphi_1,\cdots,\varphi_r)^{\mathrm{T}}$, $\tilde{\boldsymbol{\varphi}}=[\tilde{\boldsymbol{\varphi}}_1,\cdots,\tilde{\boldsymbol{\varphi}}_r]^{\mathrm{T}}$ 是一对双正交 $\boldsymbol{M}$ 可加细函数向量,如果

$$\int_{\mathbb{R}^s}\boldsymbol{\varphi}(x-\lambda)\tilde{\boldsymbol{\varphi}}(x)^{\mathrm{T}}\mathrm{d}x=\delta_{\lambda}I_r,\ \forall\lambda\in\mathbb{Z}^s \tag{2.35}$$

定义 2.4.2 设 $\boldsymbol{M}$ 是一个 $s\times s$ 的各向同性膨胀矩阵,$\boldsymbol{R}$ 是一个满足条件(2.22)的 $s\times s$ 膨胀矩阵,$\boldsymbol{\varphi}=(\varphi_1,\cdots,\varphi_r)^{\mathrm{T}}$ 是紧支$(\boldsymbol{M},\boldsymbol{R})$插值型可加细函数向量,$\tilde{\boldsymbol{\varphi}}=[\tilde{\boldsymbol{\varphi}}_1,\cdots,\tilde{\boldsymbol{\varphi}}_r]^{\mathrm{T}}$ 是紧支 $\boldsymbol{M}$ 可加细函数向量, $a(\beta)$, $\tilde{a}(\beta)$分别为它们对应的有限支 mask 矩阵序列,$\beta\in\mathbb{Z}^s$。称 $\boldsymbol{\varphi}=(\varphi_1,\cdots,\varphi_r)^{\mathrm{T}}$, $\tilde{\boldsymbol{\varphi}}=[\tilde{\boldsymbol{\varphi}}_1,\cdots,\tilde{\boldsymbol{\varphi}}_r]^{\mathrm{T}}$ 是双正交$(\boldsymbol{M},\boldsymbol{R})$插值型可加细函数向量,如果

$$\int_{\mathbb{R}^s}\boldsymbol{\varphi}(x-\lambda)\tilde{\boldsymbol{\varphi}}(x)^{\mathrm{T}}\mathrm{d}x=\delta_{\lambda}I_r,\ \forall\lambda\in\mathbb{Z}^s \tag{2.36}$$

则有如下命题。

命题 2.4.1　设 $\boldsymbol{\varphi}=(\varphi_1,\cdots,\varphi_r)^{\mathrm{T}}$ 和 $\tilde{\boldsymbol{\varphi}}=[\tilde{\varphi}_1,\cdots,\varphi_r]^{\mathrm{T}}$ 是一对双正交紧支 M-可加细函数向量。a, $\tilde{a}$ 分别为它们对应的 mask 矩阵函数,则 $\boldsymbol{\varphi}=(\varphi_1,\cdots,\varphi_r)^{\mathrm{T}}$ 和 $\tilde{\boldsymbol{\varphi}}=[\tilde{\varphi}_1,\cdots,\tilde{\varphi}_r]^{\mathrm{T}}$ 是双正交 M-可加细函数向量的必要条件是它们的两尺度符合 a, $\tilde{a}$ 满足

$$m^{-1}\delta_\lambda I_r=\sum_{\beta\in\mathbb{Z}^s}a_\beta\overline{\tilde{a}(M\lambda+\beta)^{\mathrm{T}}}\tag{2.37}$$

证明　因为 $\boldsymbol{\varphi}$ 是一个紧支的可加细函数向量,满足加细方程 $\hat{\boldsymbol{\varphi}}(M^{\mathrm{T}}\xi)=\hat{a}(\xi)\hat{\boldsymbol{\varphi}}(\xi)$,这里 a 是一个有限支的序列,于是由式(2.35)可推得

$$\begin{aligned}r^{-1}\delta_\lambda I_r&=\int_{\mathbb{R}^s}\boldsymbol{\varphi}(x-\lambda)\overline{\tilde{\boldsymbol{\varphi}}(x)^{\mathrm{T}}}\mathrm{d}x\\&=m^2\int_{\mathbb{R}^s}\sum_{\beta\in\mathbb{Z}^s}a(\beta)\boldsymbol{\varphi}(Mx-M\lambda-\beta)\overline{\sum_{\beta'\in\mathbb{Z}^s}\tilde{a}(\beta')\tilde{\boldsymbol{\varphi}}(Mx-\beta')^{\mathrm{T}}}\mathrm{d}x\\&=m^2\sum_{\beta\in\mathbb{Z}^s}\sum_{\beta'\in\mathbb{Z}^s}a(\beta)\left[\int_{\mathbb{R}^s}\boldsymbol{\varphi}(Mx-M\lambda-\beta)\overline{\tilde{\boldsymbol{\varphi}}(Mx-\beta')^{\mathrm{T}}}\mathrm{d}x\right]\overline{\tilde{a}(\beta')^{\mathrm{T}}}\\&=m\sum_{\beta\in\mathbb{Z}^s}\sum_{\beta'\in\mathbb{Z}^s}a(\beta)\left[\int_{\mathbb{R}^s}\boldsymbol{\varphi}(x-(Mx-M\lambda-\beta))\overline{\tilde{\boldsymbol{\varphi}}(x)^{\mathrm{T}}}\mathrm{d}x\right]\overline{\tilde{a}(\beta')^{\mathrm{T}}}\end{aligned}$$

代入式(2.35),很容易可得

$$r^{-1}\delta_\lambda I_r=\frac{m}{r}\sum_{\beta\in\mathbb{Z}^s}\sum_{\beta'\in\mathbb{Z}^s}a(\beta)\delta_{M\lambda+\beta-\beta'}I_r\overline{\tilde{a}(\beta')^{\mathrm{T}}}=\frac{m}{r}\sum_{\beta\in\mathbb{Z}^s}a_\beta\overline{\tilde{a}(M\lambda+\beta)^{\mathrm{T}}}$$

也就是

$$m^{-1}\delta_\lambda I_r=\sum_{\beta\in\mathbb{Z}^s}a_\beta\overline{\tilde{a}(M\lambda+\beta)^{\mathrm{T}}}\tag{2.38}$$

实际上,对上式两边作 Fourier 变换,借助引理 2.1.2 经计算即可验证式(2.38)等价于

$$\sum_{k=0}^{m-1}\hat{a}(\xi+2\pi\tau_k)\overline{\hat{\tilde{a}}(\xi+2\pi\tau_k)^{\mathrm{T}}}=I_r\tag{2.39}$$

命题 2.4.2　设 $\boldsymbol{\varphi}=(\varphi_1,\cdots,\varphi_r)^{\mathrm{T}}$ 和 $\tilde{\boldsymbol{\varphi}}=[\tilde{\varphi}_1,\cdots,\tilde{\varphi}_r]^{\mathrm{T}}$ 是一对双正交紧支(**M**,**R**)插值型可加细函数向量。a, $\tilde{a}$ 分别为它们对应的 mask 矩阵函数。如果

$\boldsymbol{M}=\boldsymbol{R}$,则双正交条件式(2.39)等价于

$$[a(\boldsymbol{M}\lambda+\rho_j)]_{j,1}+\sum_{n=1}^{m-1}[a(\boldsymbol{M}\beta)]_{i,n}[\tilde{a}(\boldsymbol{M}\lambda+\beta)]_{j,n}=m\delta_{0,\lambda}\delta_{i,j} \quad (2.40)$$

证明 如果 $\boldsymbol{M}=\boldsymbol{R}$,则有 $[a(\boldsymbol{M}\lambda+\rho_j)]_{i,1}=\delta_{0,\lambda}\delta_{i,j}$。将这个条件带入双正交条件,就得到

$$[a(\boldsymbol{M}\lambda+\rho_j)]_{j,1}+\sum_{n=1}^{m-1}[a(\boldsymbol{M}\beta)]_{i,n}[\tilde{a}(\boldsymbol{M}\lambda+\beta)]_{j,n}=m\delta_{0,\lambda}\delta_{i,j} \quad (2.41)$$

在文献[45]中,Han 给出了双正交可加细函数向量中基本函数向量 $\tilde{\boldsymbol{y}}_\mu$ 的一个定理,根据这个定理可以得到关于 $\tilde{\boldsymbol{y}}_\mu$ 的若干方程,我们给出了这个定理的一个新的证明。Han 在文献[45]中没有给出多元情况下的数值例子,我们在$(\boldsymbol{M},\boldsymbol{R})$插值型双正交对称条件下对此做了有益的补充计算。

定理 2.4.1 设 $\boldsymbol{M}$ 是一个 $s\times s$ 的各向同性膨胀矩阵,$\boldsymbol{R}$ 是一个满足条件式(2.22)的 $s\times s$ 膨胀矩阵,设 $\boldsymbol{\varphi}=(\varphi_1,\cdots,\varphi_r)^{\mathrm{T}}$ 和 $\tilde{\boldsymbol{\varphi}}=[\tilde{\varphi}_1,\cdots,\tilde{\varphi}_r]^{\mathrm{T}}$ 是一对紧支 M-双正交可加细函数向量。a, $\tilde{a}$ 分别为它们对应的 mask 矩阵函数,$a(\beta)$, $\tilde{a}(\beta)$ 分别为它们对应的有限支 mask 矩阵序列。$\tilde{a}$ 满足 k 阶和规则,k 为正整数,$\tilde{y}_0$ 不等于0。令 O_n 是字典序下的有序集合 $\{\mu_1,\cdots,\mu_N\}=\{\mu\in\mathbb{Z}_+^s:|\mu|=n\}$,$0<n<k$,其基数$\#O_n$ 等于 N,令

$$O_n:=\begin{pmatrix} m(\mu_1,\mu_1) & m(\mu_1,\mu_2) & \cdots & m(\mu_1,\mu_N)\\ m(\mu_2,\mu_1) & m(\mu_2,\mu_2) & \cdots & m(\mu_2,\mu_N)\\ \vdots & \vdots & & \vdots\\ m(\mu_N,\mu_1) & m(\mu_N,\mu_2) & \cdots & m(\mu_N,\mu_N)\end{pmatrix}$$

那么,有下面的公式

$$(\tilde{\boldsymbol{y}}_\mu)_{\mu\in O_n}=\left[I_{rN}-(m(\mu,v))_{u,v\in O_n}\otimes\sum_{\beta\in\mathbb{Z}^s}a_\beta\right]^{-1}\left(\sum_{|v|=|\mu|}m(\mu,v)\sum_{\beta\in\mathbb{Z}^s}a_\beta\sum_{0\leqslant l\leqslant v}\frac{\beta^l}{l!}\tilde{y}_{v-l}\right)_{\mu\in O_n} \quad (2.42)$$

证明 由和规则和双正交条件有

$$\tilde{\boldsymbol{y}}_{\mu}=\left[\frac{x^{\mu}}{\mu!},\boldsymbol{\varphi}(x)\right]$$

根据可加细方程,做变量代换有

$$\tilde{\boldsymbol{y}}_{\mu}=\left[\frac{x^{\mu}}{\mu!},\sum_{\beta\in\mathbb{Z}^{s}}a_{\beta}\boldsymbol{\varphi}(Mx-\beta)\right]$$

$$=\left[\frac{(M^{-1}x)^{\mu}}{\mu!},\sum_{\beta\in\mathbb{Z}^{s}}a_{\beta}\boldsymbol{\varphi}(x-\beta)\right]$$

根据和规则定义有

$$\tilde{\boldsymbol{y}}_{\mu}=\left[\sum_{|v|=|\mu|}m(\mu,v)\frac{x^{v}}{v!},\sum_{\beta\in\mathbb{Z}^{s}}a_{\beta}\boldsymbol{\varphi}(x-\beta)\right]$$

$$=\sum_{|v|=|\mu|}m(\mu,v)\sum_{\beta\in\mathbb{Z}^{s}}a_{\beta}\left[\frac{x^{v}}{v!},\boldsymbol{\varphi}(x-\beta)\right]$$

$$=\sum_{|v|=|\mu|}m(\mu,v)\sum_{\beta\in\mathbb{Z}^{s}}a_{\beta}\left[\frac{(x+\beta)^{v}}{v!},\boldsymbol{\varphi}(x)\right]$$

$$=\sum_{|v|=|\mu|}m(\mu,v)\sum_{\beta\in\mathbb{Z}^{s}}a_{\beta}\left[\sum_{l\leqslant v}\frac{\beta^{l}}{l!}\frac{x^{v-l}}{(v-l)!},\boldsymbol{\varphi}(x)\right]$$

$$=\sum_{|v|=|\mu|}m(\mu,v)\sum_{\beta\in\mathbb{Z}^{s}}a_{\beta}\sum_{l\leqslant v}\frac{\beta^{l}}{l!}\tilde{\boldsymbol{y}}_{v-l}$$

$$=\sum_{|v|=|\mu|}m(\mu,v)\sum_{\beta\in\mathbb{Z}^{s}}a_{\beta}\left(\sum_{0\leqslant l\leqslant v}\frac{\beta^{l}}{l!}\tilde{\boldsymbol{y}}_{v-l}+\tilde{\boldsymbol{y}}_{v}\right)$$

从而有

$$\tilde{\boldsymbol{y}}_{\mu}-\sum_{|v|=|\mu|}m(\mu,v)\sum_{\beta\in\mathbb{Z}^{s}}a_{\beta}\tilde{\boldsymbol{y}}_{v}=\sum_{|v|=|\mu|}m(\mu,v)\sum_{\beta\in\mathbb{Z}^{s}}a_{\beta}\sum_{0\leqslant l\leqslant v}\frac{\beta^{l}}{l!}\tilde{\boldsymbol{y}}_{v-l}$$

进而得到

$$\left[I_{rN}-m(\mu,v)_{u,v\in O_{n}}\otimes\sum_{\beta\in\mathbb{Z}^{s}}a_{\beta}\right](\tilde{\boldsymbol{y}}_{\mu})_{\mu\in O_{n}}=\left(\sum_{|v|=|\mu|}m(\mu,v)\sum_{\beta\in\mathbb{Z}^{s}}a_{\beta}\sum_{0\leqslant l\leqslant v}\frac{\beta^{l}}{l!}\tilde{\boldsymbol{y}}_{v-l}\right)_{\mu\in O_{n}}\tag{2.43}$$

如果式(2. 43) 中 $I_{rN}-m(\mu,v)_{u,v\in O_{n}}\otimes\sum_{\beta\in\mathbb{Z}^{s}}a_{\beta}$ 非奇异,亦即 1 不是 $m(\mu,v)_{u,v\in O_{n}}\otimes\sum_{\beta\in\mathbb{Z}^{s}}a_{\beta}$ 的特征值,则递推公式(2. 20) 成立。下面我们证明一下。

因为 $m(\mu,v)_{u,v\in O_{n}}\otimes\sum_{\beta\in\mathbb{Z}^{s}}a_{\beta}$ 的特征值是 $m(\mu,v)_{u,v\in O_{n}}$ 和 $\sum_{\beta\in\mathbb{Z}^{s}}a_{\beta}$ 特征值的对应乘

积,而由文献[58]中定理,$\sum_{\beta\in\mathbb{Z}^s} a_\beta$ 的谱为1,故下面只须讨论 $m(\mu,v)_{u,v\in O_n}$ 谱的问题。

对于 N 维多项式空间,可找到插值节点 $x_1,\cdots,x_N$,使得相应的 Lagrange 插值问题存在唯一解。单项式$\frac{x^{\mu_j}}{\mu_j!}$,$1\leqslant j\leqslant N$ 构成全次数为 n 的多元多项式空间的基底, 根据和规则定义中的式子$\frac{(M^{-1}x)^\mu}{\mu!}=\sum_{|\nu|=|\mu|}m(\mu,\nu)\frac{x^\nu}{\nu!}$,$x\in\mathbb{R}^s$,我们可以得到

$$O_n\begin{pmatrix}\frac{x^{\mu_1}}{\mu_1!}\\ \frac{x^{\mu_2}}{\mu_2!}\\ \vdots\\ \frac{x^{\mu_j}}{\mu_j!}\end{pmatrix}=\begin{pmatrix}\frac{(M^{-1}x)^{\mu_1}}{\mu_1!}\\ \frac{(M^{-1}x)^{\mu_2}}{\mu_2!}\\ \vdots\\ \frac{(M^{-1}x)^{\mu_j}}{\mu_j!}\end{pmatrix} \tag{2.44}$$

反复应用和规则定义中的式子$\frac{(M^{-1}x)^\mu}{\mu!}=\sum_{|\nu|=|\mu|}m(\mu,\nu)\frac{x^\nu}{\nu!}$,$x\in\mathbb{R}^s$,则可以得到

$$O_n^l\begin{pmatrix}\frac{x^{\mu_1}}{\mu_1!}\\ \frac{x^{\mu_2}}{\mu_2!}\\ \vdots\\ \frac{x^{\mu_j}}{\mu_j!}\end{pmatrix}=\begin{pmatrix}\frac{(M^{-1}x)^{\mu_1}}{\mu_1!}\\ \frac{(M^{-1}x)^{\mu_2}}{\mu_2!}\\ \vdots\\ \frac{(M^{-1}x)^{\mu_j}}{\mu_j!}\end{pmatrix} \tag{2.45}$$

因为 M 为各向同性膨胀矩阵,M^{-1}的谱半径小于1,故

$$\left\| O_n^l\left(\frac{x^{\mu_1}}{\mu_1!},\cdots,\frac{x^{\mu_j}}{\mu_j!}\right)^{\mathrm{T}}\right\|_\infty=\max_{1\leqslant j\leqslant N}\left|\frac{(M^{-l}x)^{\mu_j}}{\mu_j!}\right|\leqslant\|M^{-l}x\|_\infty \tag{2.46}$$

对于 $x\in\mathbb{R}^s$,当 l 趋于∞时,

$$
O_n^l \begin{pmatrix} \dfrac{x^{\mu 1}}{\mu_1\,!} \\ \dfrac{x^{\mu_2}}{\mu_2\,!} \\ \vdots \\ \dfrac{x^{\mu_j}}{\mu_j\,!} \end{pmatrix} \to 0 \tag{2.47}
$$

由此可知 O_n^l 的谱半径小于 1。

因此得到 1 不是 $m\,(\mu,\nu)_{\mu,\nu\in O_n}\otimes\sum\limits_{\beta\in\mathbb{Z}^*}a_\beta$ 的特征值,从而定理得证。

一旦我们给定 $\tilde{y}_0=\hat{\phi}_0$,就可以利用定理中的方程组计算出所有的 $\tilde{y}_\mu$。

2.5　构造算法和数值例子

构造算法的步骤如下。

①选择满足条件式(2.22)的两个膨胀矩阵,分别作为尺度膨胀矩阵 $\boldsymbol{M}$ 和重数膨胀矩阵 $\boldsymbol{R}$,从而分别得到 $Z^2\backslash MZ^2$ 和 $R^{-1}Z^2\backslash Z^2$ 的陪集集合,于是可有 B_i 和 $\tilde{\rho}_{k_i}$,$i=1,\cdots,r$。

②确定支集 $E'\in Z^2$。

③由定理 2.2.1 里的式(2.28)到上面步骤②中条件,从而给出满足式(2.28)的序列$\{a(\beta),\beta\in E\}$。

④确定一个对称群 G,利用定理 2.3.1,由函数向量 $\boldsymbol{\varphi}=\{\boldsymbol{\varphi}_1,\cdots,\boldsymbol{\varphi}_r\}$ 的对称中心集合 $\tilde{\rho}=\{\tilde{\rho}_1,\cdots,\tilde{\rho}_r\}$,可以得到对于$[a(\beta)]$每一个分量$[a(\beta)]_{l,j}$的 G-对称中心 $\tilde{M}\rho_{l-1}-\tilde{\rho}_{j-1}$ 的对称性,这里 $l,j\in\{1,\cdots,r\}$,进而由式(2.29)计算得到

$\{[a(\beta)]_{l,j}, l, j=1,\cdots,r, \beta\in E\}$中的对称点集。

⑤给定适合的和规则阶数，由定理2.1.1，根据支集E建立关于$\{[a(\beta)]_{l,j}, l, j=1,\cdots,r, \beta\in E\}$的线性方程组并求解。

⑥类似步骤④，选择$[\tilde{a}(\beta)]$的对称中$E'\in Z^2$心计算其对称点集。

⑦选择足够大的适合的$[\tilde{a}(\beta)]$的支集。

⑧应用双正交条件到$[a(\beta)]$和$[\tilde{a}(\beta)]$上，得到相应的线性方程组。

⑨利用上节的定理，给定和规则阶数，得到关于向量$\tilde{\boldsymbol{y}}_\mu$的线性方程组，补充到上面得到的线性方程组中。

⑩根据给定的和规则阶数，由定理2.1.1，根据支集E'建立关于$\{[\tilde{a}(\beta)]_{l,j}, l, j=1,\cdots,r, \beta\in E'\}$的线性方程组。

⑪解上面列出的所有方程组成的方程组，选择合适的解。

取$\boldsymbol{M}=\boldsymbol{R}=\boldsymbol{M}_q$，令$a(\beta)$满足2阶和规则，其支集为$[-1,1]^2$，选择$G_4$为对称群，根据上面算法①—⑤步，计算并选择得到矩阵mask $\boldsymbol{a}(\beta)$如下：

$$\boldsymbol{a}(0,0)=\begin{bmatrix}0.5 & 0.125\\ 0 & 0.125\end{bmatrix},\boldsymbol{a}(0,1)=\begin{bmatrix}0 & 0\\ 1 & 0.125\end{bmatrix},\boldsymbol{a}(1,-1)=\begin{bmatrix}0 & 0\\ 0 & 0\end{bmatrix}$$

$$\boldsymbol{a}(1,0)=\begin{bmatrix}0 & 0\\ 0 & 0\end{bmatrix},\boldsymbol{a}(-1,-1)=\begin{bmatrix}0 & 0.125\\ 0 & 0\end{bmatrix},\boldsymbol{a}(0,-1)=\begin{bmatrix}0 & 0.125\\ 0 & 0\end{bmatrix}$$

$$\boldsymbol{a}(-1,1)=\begin{bmatrix}0 & 0\\ 0 & 0.125\end{bmatrix},\boldsymbol{a}(-1,0)=\begin{bmatrix}0 & 0.125\\ 0 & 0.125\end{bmatrix},\boldsymbol{a}(1,1)=\begin{bmatrix}0 & 0\\ 0 & 0\end{bmatrix}$$

它的索伯列夫指数为1.577 6，说明对应可加细函数向量是连续的。再根据⑥—⑪步，也令$\tilde{a}(\beta)$满足2阶和规则，其支集为$[-2,2]^2$，选择G_4为对称群，计算并选择得到矩阵mask $\boldsymbol{a}(\beta)$如下：

$$\tilde{\boldsymbol{a}}(-2,-2)=\begin{bmatrix}0.007\,440\,85 & -0.029\,763\,39\\ 0 & 0\end{bmatrix},$$

$$\tilde{\boldsymbol{a}}(-1,-2)=\begin{bmatrix}0.013\,043\,68 & -0.022\,411\,32\\ 0 & 0\end{bmatrix}$$

$$\tilde{\boldsymbol{a}}(0,-2)=\begin{bmatrix}0.011\,205\,66 & -0.022\,411\,32\\ 0 & 0\end{bmatrix},$$

$$\tilde{\boldsymbol{a}}(1,-2)=\begin{bmatrix}0.013\,043\,68 & -0.029\,763\,39\\ 0 & 0\end{bmatrix}$$

$$\tilde{\boldsymbol{a}}(2,-2)=\begin{bmatrix}0.007\,440\,85 & 0\\ 0 & 0\end{bmatrix},$$

$$\tilde{\boldsymbol{a}}(-2,-1)=\begin{bmatrix}0.013\,043\,68 & -0.022\,411\,32\\ -0.001\,599\,77 & 0.006\,399\,08\end{bmatrix}$$

$$\tilde{\boldsymbol{a}}(-1,-1)=\begin{bmatrix}-0.048\,422\,61 & 0.268\,276\,47\\ 0.001\,388\,41 & -0.011\,952\,73\end{bmatrix},$$

$$\tilde{\boldsymbol{a}}(0,-1)=\begin{bmatrix}-0.122\,932\,58 & 0.268\,276\,47\\ 0.005\,976\,37 & -0.011\,952\,73\end{bmatrix}$$

$$\tilde{\boldsymbol{a}}(1,-1)=\begin{bmatrix}-0.048\,422\,61 & -0.022\,411\,32\\ 0.001\,388\,41 & 0.006\,399\,08\end{bmatrix},$$

$$\tilde{\boldsymbol{a}}(2,-1)=\begin{bmatrix}0.013\,043\,68 & 0\\ -0.001\,599\,77 & 0\end{bmatrix}$$

$$\tilde{\boldsymbol{a}}(-2,0)=\begin{bmatrix}0.011\,205\,66 & -0.022\,411\,32\\ 0.001\,388\,41 & -0.011\,952\,73\end{bmatrix},$$

$$\tilde{\boldsymbol{a}}(-1,0)=\begin{bmatrix}-0.122\,932\,58 & 0.268\,276\,47\\ -0.014\,077\,39 & 0.073\,815\,94\end{bmatrix}$$

$$\tilde{\boldsymbol{a}}(0,0)=\begin{bmatrix}0.731\,723\,52 & 0.268\,276\,47\\ -0.030\,931\,61 & 0.073\,815\,94\end{bmatrix},$$

$$\tilde{\boldsymbol{a}}(1,0)=\begin{bmatrix}-0.122\,932\,58 & -0.022\,411\,32\\ -0.014\,077\,39 & -0.011\,952\,73\end{bmatrix}$$

$$\tilde{\boldsymbol{a}}(2,0)=\begin{bmatrix}0.011\,205\,6 & 0\\ 0.001\,388\,41 & 0\end{bmatrix},$$

$$\tilde{\boldsymbol{a}}(-2,1)=\begin{bmatrix}0.013\,043\,68 & -0.029\,763\,39\\ 0.005\,976\,37 & -0.011\,952\,73\end{bmatrix}$$

$$\tilde{\boldsymbol{a}}(-1,1)=\begin{bmatrix} -0.048\ 422\ 61 & -0.022\ 411\ 32 \\ -0.030\ 931\ 61 & 0.073\ 815\ 94 \end{bmatrix},$$

$$\tilde{\boldsymbol{a}}(0,1)=\begin{bmatrix} -0.122\ 932\ 58 & -0.022\ 411\ 32 \\ 0.926\ 184\ 06 & 0.073\ 815\ 94 \end{bmatrix}$$

$$\tilde{\boldsymbol{a}}(1,1)=\begin{bmatrix} -0.048\ 422\ 61 & -0.029\ 763\ 39 \\ -0.030\ 931\ 61 & -0.011\ 952\ 73 \end{bmatrix},$$

$$\tilde{\boldsymbol{a}}(2,1)=\begin{bmatrix} 0.013\ 043\ 68 & 0 \\ 0.005\ 976\ 37 & 0 \end{bmatrix}$$

$$\tilde{\boldsymbol{a}}(-2,2)=\begin{bmatrix} 0.007\ 440\ 85 & 0 \\ 0.001\ 388\ 41 & 0 \end{bmatrix},$$

$$\tilde{\boldsymbol{a}}(-1,2)=\begin{bmatrix} 0.013\ 043\ 68 & 0 \\ -0.014\ 077\ 39 & 0 \end{bmatrix}$$

$$\tilde{\boldsymbol{a}}(0,2)=\begin{bmatrix} 0.011\ 205\ 66 & 0 \\ -0.030\ 931\ 61 & -0.011\ 952\ 73 \end{bmatrix},$$

$$\tilde{\boldsymbol{a}}(1,2)=\begin{bmatrix} 0.013\ 043\ 68 & 0 \\ -0.014\ 077\ 39 & 0.011\ 952\ 73 \end{bmatrix}$$

$$\tilde{\boldsymbol{a}}(2,2)=\begin{bmatrix} 0.007\ 440\ 85 & 0 \\ 0.001\ 388\ 41 & 0 \end{bmatrix}$$

第 3 章 平行六边形上双正交 Box 样条周期插值小波的构造

我们构造的小波多是定义在无限区域上的，而现实生活中一般是有限区域上的问题。有限区域形状各种各样，而平行六边形区域是其中比较典型、比较常见的。因此，构造平行六边形区域上的小波有十分重要的现实意义。孙家昶在文献[91]中，建立了三向坐标系下平行六边形上广义 Fourier 分析的方法，为平行六边形上小波的构造提供了强有力的工具。

我们通常也希望多元尺度函数和小波可以同时具有紧支性、插值性、正交性等性质，在正交情况下，要同时得到紧支性、插值性、对称性、周期性等好的性质非常困难，尤其是基插值性质，在实际应用中是非常方便的，因为此时对于给定的尺度，信号在相应尺度子空间上的投影系数恰为信号的均匀取样，从而省去了预处理过程，大大节省了计算量。又因为 Box 样条由于具有很多好的性质，也为应用中所喜欢，小波分析的专家也多首选从 B 样条和 Box 样条出发构造小波。因此我们考虑在双正交情况下，构造有限区域上基于 Box 样条的具有插值等一些好的性质的小波。

在本章，我们利用三向坐标系下平行六边形上广义的 Fourier 分析方法，从 Box 样条出发，首先构造了以平行六边形为周期的二元周期正交小波。在此基础上，利用文献[72]中构造一元双正交插值周期小波的思想，构造了以平行六边形为周期的双正交插值小波。构造的小波同时具有双正交、插值、对称、实值等好的性质。在文献[72]中构造对偶周期尺度函数和小波以及分解与重构算法时利用了循环矩阵(以初始周期尺度函数间的内积为元素的矩阵)的方法,这就需要大量的积分运算,计算复杂。我们给出的构造方法没有涉及尺度函数间的内积运算,从而相对于文献[72]中的方法大大地减少了计算量。

3.1 三向坐标系下平行六边形上广义的 Fourier 分析方法

文献[91]中提出了三向坐标系下平行六边形上广义的 Fourier 分析方法,给平行六边形上基于 Box 样条的小波的构造提供了强大的工具,下面我们介绍这一方法。

设 O 为坐标原点,令 $\boldsymbol{e}_0=(0,1)^{\mathrm{T}}$, $\boldsymbol{e}_1=(1,0)^{\mathrm{T}}$, $\boldsymbol{e}_2=\left(-\frac{1}{2},\frac{\sqrt{3}}{2}\right)^{\mathrm{T}}$, $\boldsymbol{e}_3=\left(-\frac{1}{2},-\frac{\sqrt{3}}{2}\right)^{\mathrm{T}}$。

$$n_1=\boldsymbol{e}_2-(\boldsymbol{e}_2,\boldsymbol{e}_1)\boldsymbol{e}_1,$$

$$n_2=\boldsymbol{e}_3-(\boldsymbol{e}_3,\boldsymbol{e}_2)\boldsymbol{e}_2,$$

$$n_3=\boldsymbol{e}_1-(\boldsymbol{e}_1,\boldsymbol{e}_3)\boldsymbol{e}_3$$

则$\mathbb{R}^2$中新的三向坐标系$\overline{\mathbb{R}^2}=O(n_1,n_2,n_3)$中的点$t=(t_1,t_2,t_3)^{\mathrm{T}}$与原来的两向直角坐标系$\mathbb{R}^2=O(\boldsymbol{e}_1,\boldsymbol{e}_0)$中的点$x=(x_1,x_2)^{\mathrm{T}}$有下面的一一对应关系(图 3.1)。

$$t_1=\frac{(x,n_1)}{(n_1,n_1)},t_2=\frac{(x,n_2)}{(n_2,n_2)},t_3=\frac{(x,n_3)}{(n_3,n_3)}$$

且对新的三向坐标系中的所有点$t=(t_1,t_2,t_3)^{\mathrm{T}}$,均有$t_1+t_2+t_3=0$,记$|t|=|t_1|+|t_2|+|t_3|$。

我们在三向坐标平面$\overline{\mathbb{R}^2}$中作三组平行线:t_l 为整数,$(l=1,2,3)$,它们分别平行于$\boldsymbol{e}_1,\boldsymbol{e}_2,\boldsymbol{e}_3$方向,这些平行线给出了三向坐标平面$\overline{\mathbb{R}^2}$的一个三向剖分,我们把这

些剖分线的交点称为整节点。

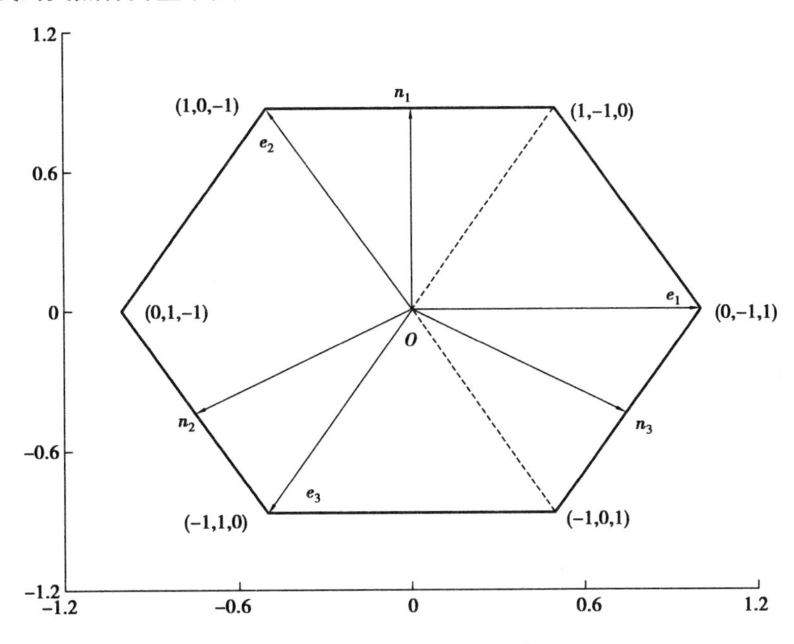

图3.1　三向坐标 $O(n_1,n_2,n_3)$

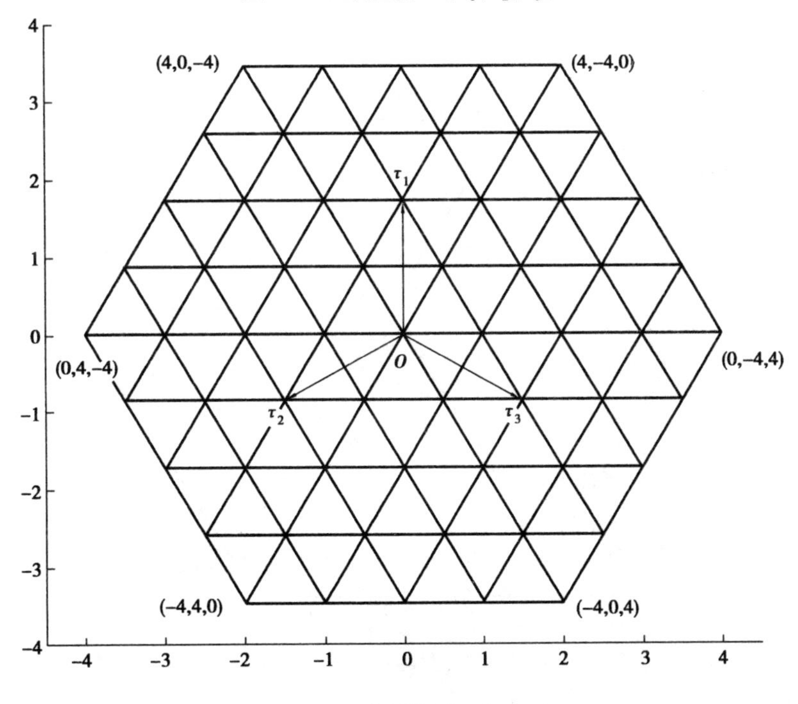

图3.2　基本周期域 $\Omega(N=4)$

点 $t=(t_1,t_2,t_3)^{\mathrm{T}}\in\overline{\mathbb{R}}^2$ 是一个整节点，则有 $t_1+t_2+t_3=0,(t_1,t_2,t_3\in\mathbb{Z})$，且 $t_2-t_1=t_3-t_2=t_1-t_3=\nu(\bmod 3),\nu=-1,0,1$。

记$\overline{\mathbb{R}}^2$ 中边长为 N 的平行六边形区域(图 3.2)为

$\boldsymbol{\Omega}=\{\boldsymbol{t}\mid\boldsymbol{t}=(t_1,t_2,t_3)^{\mathrm{T}};t_1+t_2+t_3=0,t_1,t_2,t_3\in\mathbb{R},-N\leqslant t_1,t_2,t_3\leqslant N\}$，其面积 $C_\Omega=3N^2$，用 Λ 表示$\overline{\mathbb{R}}^2$ 中的所有整节点的集合，即

$$\Lambda=\{\boldsymbol{p}\mid\boldsymbol{p}=(p_1,p_2,p_3)^{\mathrm{T}},p_1+p_2+p_3=0,p_1,p_2,p_3\in\mathbb{Z}\}$$

对 $j\geqslant0$，令

$$\Delta_j=\{\boldsymbol{p}\mid\boldsymbol{p}=(p_1,p_2,p_3)^{\mathrm{T}}\in\Lambda,-2^jN\leqslant p_1,-p_2,-p_3<2^jN\}\quad(3.1)$$

取 $\tau_0=(0,0,0)^{\mathrm{T}},\tau_1=(2,-1,-1)^{\mathrm{T}},\tau_2=(-1,2,-1)^{\mathrm{T}},\tau_3=(-1,-1,2)^{\mathrm{T}}$(图 3.3)。

令 $\boldsymbol{E}=[\tau_1,\tau_2]$ 为一个 3×2 矩阵，

$$\Xi=\{\boldsymbol{p}\in\Lambda;\exists m\in\mathbb{Z}^2,\quad \text{s.t.}\ =N\boldsymbol{E}m\}$$

我们把 Ξ 称为关于 N 的周期点集，其中的点称为周期点。

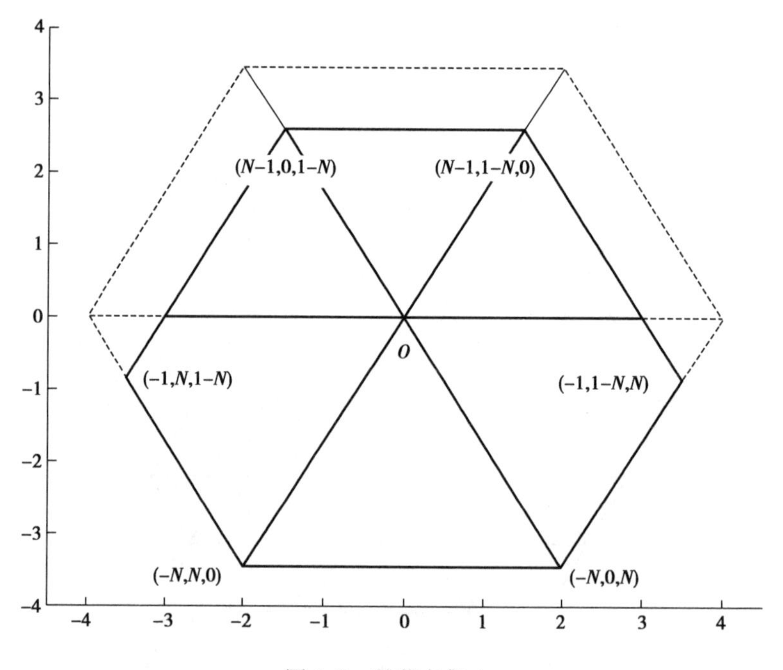

图 3.3　整节点集 Δ_0

定义 3.1.1　定义在$\overline{\mathbb{R}}^2$上的函数$f(t)$称为以Ω为周期的,如果对任意$t \in \overline{\mathbb{R}}^2$,均有

$$f(t+p) = f(t),\forall p \in \Xi$$

令$L_*^2(\Omega)$表示以Ω为周期,Ω上平方可积的可测函数构成的函数空间。对任意$f,h \in L_*^2(\Omega)$,定义它们的内积为

$$\langle f,h \rangle = \frac{1}{C_\Omega}\int_\Omega f(t)\,\overline{h(t)}\,\mathrm{d}t$$

则$L_*^2(\Omega)$为 Hillbert 空间。

设$\omega_N = \mathrm{e}^{\frac{2\pi \mathrm{i}}{3N}}$,对任意$p \in \Lambda, s \in \overline{\mathbb{R}}^2$,令

$$g_{\boldsymbol{p}}^N(t) = \omega_N^{p_1 t_1 + p_2 t_2 + p_3 t_3} = \omega_N^{\boldsymbol{pt}} \tag{3.2}$$

则有下面一系列事实。

命题 3.1.1　对任意$\boldsymbol{p} \in \Lambda$,设$g_{\boldsymbol{p}}^N(t)$由式(3.2)定义,则$g_{\boldsymbol{p}}^N(t)$是以$\Omega$为周期的函数,并且

$$\int_\Omega g_{\boldsymbol{p}}^N(t)\,\mathrm{d}t = C_\Omega \delta_{|p|,0}$$

其中C_Ω为平行六边形Ω的面积。

命题 3.1.2　函数系$\{g_{\boldsymbol{p}}^N(t);p \in \Lambda\}$构成了$L_*^2(\Omega)$的一组正规正交基。

命题 3.1.3　设$p = (p_1,p_2,p_3) \in \Lambda$,则下面叙述等价。

(1)$p_2 - p_1 = p_3 - p_2 = p_1 - p_3 = 0(\mathrm{mod}3N)$。

(2)$p_2 - p_1 = 0(\mathrm{mod}3N)$,$p_3 - p_2 = 0(\mathrm{mod}3N)$,$p_1 - p_3 = 0(\mathrm{mod}3N)$中任何两式同时成立。

(3)p为关于N的周期点,即存在$m \in \mathbb{Z}^2$,使得$p = N\boldsymbol{E}m$。

由此命题,可证明如下重要结果。

命题 3.1.4　对$\forall k \in \Lambda$,我们有

$$\sum_{p \in \Delta_0} g_p^N(k) = \begin{cases} 3N^2, k \in \Xi \\ 0, \quad 其他 \end{cases}$$

设$\{f(k)\}_{k \in \Delta_0}$为定义在$\Delta_0$上的序列,定义其广义离散 Fourier 变换为

$$F(p) = \sum_{k \in \Delta_0} f(k) g_k^N(p),\forall p \in \Delta_0 \tag{3.3}$$

进一步有下面命题成立。

命题 3.1.5　设$\{f(k)\}_{k\in\Delta_0}$为定义在Δ_0上的序列，$\{F(k)\}_{k\in\Delta_0}$为其由式(3.3)定义的广义离散 Fourier 变换，则下面广义离散 Fourier 逆变换公式成立

$$f(k) = (3N^2)^{-1}\sum_{p\in\Delta_0} F(p)g_p^N(-k), \forall k \in \Delta_0$$

3.2　Box 样条和 $L_*^2(\Omega)$ 中的周期多尺度分析

自 1946 年 Schoenberg 在文献[79]提出样条函数的概念以来，样条函数方法得到了迅速的发展和广泛的应用。Box 样条函数是应用最广泛的一类多元样条函数，由于其具有许多优美的性质，Box 样条函数成为理论研究和工程技术领域最常用的工具，同时它也是许多多元小波构造的出发点。

在本节中，首先对三向坐标下的 Box 样条做简单介绍，并利用上一节中给出的结果构造 $L_*^2(\Omega)$ 的一个周期多尺度分析，为后面构造 Ω 上的周期小波做准备。为此，我们首先给出 $L_*^2(\Omega)$ 上的周期多尺度分析的定义。

定义 3.2.1　设$\{V_j\}_{j\geqslant 0}$为 $L_*^2(\Omega)$ 中的一个嵌套闭子空间序列，称其为 $L_*^2(\Omega)$ 的一个周期多尺度分析，如果下面条件成立

(1) $\cup_{j\geqslant 0}V_j$ 在 $L_*^2(\Omega)$ 中稠；

(2) $V_j\subset V_{j+1}, \forall j\geqslant 0$；

(3) 对 $\forall j\geqslant 0$，都存在函数 $f_j\in V_j$，使$\{f_j(\cdot - 2^{-j}l);l\in\Delta_j\}$构成 V_j 的基底。

下面我们从二元 Box 样条函数出发，构造一个 $L_*^2(\Omega)$ 上的多尺度分析。

首先，我们对二元 Box 样条做一简单介绍。

设 m_1, m_2 为正整数，m_3 为非负整数。记 $\tilde{m} = [m_1, m_2, m_3]^{\mathrm{T}}$，$\tilde{n} = m_1 + m_2 + m_3$，令

$$\boldsymbol{A} = [\underbrace{\boldsymbol{e}_1\cdots\boldsymbol{e}_1}_{m_1}\ \underbrace{\boldsymbol{e}_2\cdots\boldsymbol{e}_2}_{m_2}\ \underbrace{\boldsymbol{e}_3\cdots\boldsymbol{e}_3}_{m_3}]$$

相应于方向矩阵 $\boldsymbol{A}$ 的二元 Box 样条函数可由如下变换定义：

$$\hat{\boldsymbol{B}}_{\tilde{m}}(\omega) = \prod^{3}\left(\frac{\sin(\omega \boldsymbol{e}_j/2)}{\omega \boldsymbol{e}_j/2}\right)^{m_j}$$

样条函数 $B_{(2,2,2)}(t)$ 的图像如图 3.4 所示。

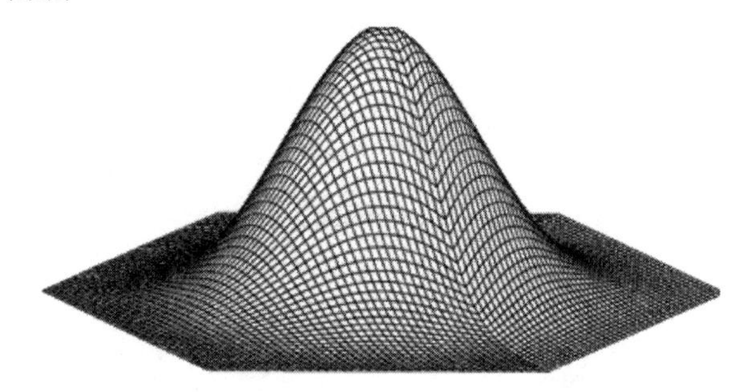

图 3.4　样条函数 $B_{(2,2,2)}(t)$ 的图像

令

$$C_{\tilde{m}}(\omega) = \frac{\hat{B}_{\tilde{m}}(2\omega)}{\hat{B}_{\tilde{m}}(\omega)} = \prod_{j=1}^{3}(\cos(\omega \boldsymbol{e}_j/2))^{m_j} \tag{3.4}$$

易知 $C_{\tilde{m}}(\omega)$ 为三角多项式，其级数形式可表示为

$$C_{\tilde{m}}(\omega) = \sum_{k \in \Lambda} c_k e^{-ik} \tag{3.5}$$

接下来内容中，在不引起歧义的情况下，我们忽略下脚标 $\tilde{m}$。例如 $B_{\tilde{m}}(t)$ 简记为 $B(t)$。

二元 Box 样条函数 $B_{\tilde{m}}(t)$ 具有很多优美的性质，下面只对本书构造中用到的列举如下。

命题 3.2.1　二元 Box 样条函数 $B_{\tilde{m}}(t)$ 具有如下性质

(1) $B_{\tilde{m}}(t) \in C^{\mu}(\overline{\mathbb{R}^2})$ 是分片 $\tilde{n}-2$ 次二元多项式，其中

$$\mu = \tilde{n} - \max\{m_1, m_2, m_3\} - 2。$$

(2) $\text{supp}B_{\tilde{m}}(t) = Q_{\tilde{m}}$，且 $B_{\tilde{m}}(t) > 0$，当 t 是 $Q_{\tilde{m}}$ 的内点时。

其中 $Q_{\tilde{m}}$ 为以下面六点为顶点的平行六边形。

$\frac{1}{2}(-m_2-m_3, m_1+m_3, m_2-m_1)$，$\frac{1}{2}(-m_2-m_3, m_1-m_3, m_1+m_2)$，

$\frac{1}{2}(m_3-m_2,-m_1-m_3,m_1+m_2),\frac{1}{2}(m_2+m_3,-m_1-m_3,m_1-m_2),$

$\frac{1}{2}(m_2+m_3,m_3-m_1,-m_1-m_2),\frac{1}{2}(m_2-m_3,m_1+m_3,-m_1-m_2)$

(3) $\int_{\overline{\mathbb{R}}^2} B_{\tilde{m}}(t)\mathrm{d}t=1$。

(4) $\sum_{k\in\Lambda} B_{\tilde{m}}(t-k)\equiv 1,\forall t\in\overline{\mathbb{R}}^2$。

(5) 具有中心对称性：

$$B_{\tilde{m}}(-t)=B_{\tilde{m}}(t)$$

(6) $B_{\tilde{m}} * B_{\tilde{m}}'(t)=\int_{\overline{\mathbb{R}}^2} B_{\tilde{m}}(t-x)B_{\tilde{m}}'(x)\mathrm{d}x=N_{\tilde{m}+\tilde{m}'}(t)$

(7) 令 $\Theta_{\tilde{m}}(\omega)=\sum_{m\in\mathbb{Z}^2}\left|\hat{B}(\omega+N\boldsymbol{E}m)\right|^2$，则其存在 $A_{\tilde{m}}^1>0,A_{\tilde{m}}^2>0$，使得对一切 $\omega\in\overline{\mathbb{R}}^2$ 有

$$A_{\tilde{m}}^1\leqslant\Theta_{\tilde{m}}(\omega)\leqslant A_{\tilde{m}}^2$$

且有如下表示

$$\Theta_{\tilde{m}}(\omega)=\sum_{k\in\Lambda} B_{2\tilde{m}}(k)g_k(\omega) \tag{3.6}$$

(8) $B_{\tilde{m}}(t)$满足如下两尺度方程

$$B(t)=4\sum_{\boldsymbol{k}\in\Lambda} c_k B(2t-k) \tag{3.7}$$

为构造 $L_*^2(\Omega)$的一个周期多尺度分析，我们对 $B(t)$周期化如下

$$B_k^j(t)=\sum_{m\in\mathbb{Z}^2} B(2^j(t+N\boldsymbol{E}m)-k),\forall j\geqslant 0,k\in\Lambda \tag{3.8}$$

则如下命题成立。

命题 3.2.2　对任意 $j\geqslant 0,k\in\Lambda$，设 $B_k^j(t)$由式(3.8)定义，则

(1) $B_k^j(t+N\boldsymbol{E}n)=B_k^j(t),B_k^j(t-2^{-j}n)=B_{k+n}^j(t),\forall n\in\mathbb{Z}^2$。

(2) $B_k^j(t)=B_l^j(t)$，其中 $l\in\Delta_j$ 满足：存在 $n\in\mathbb{Z}^2$，使得 $k=2^jN\boldsymbol{E}n+l$。

(3) $B_{k+2^jN\boldsymbol{E}n}^j(t)=B_k^j(t),\forall n\in\mathbb{Z}^2$。

(4) $B_k^j(t)$满足如下加细方程

$$B_k^j(t)=4\sum_{l\in\Lambda} c_l B_{l+2k}^{j+l}(t) \tag{3.9}$$

对任意$j\geqslant 0,k\in\Lambda$,设$B_k^j(t)$由式(3.8)定义,令

$$V_j = \mathrm{span}\{B_k^j(t);k\in\Delta_j\} \tag{3.10}$$

则可以证明如下定理。

定理3.2.1 由式(3.10)定义的闭子空间序列$\{V_j\}_{j\geqslant 0}$构成了$L_*^2(\Omega)$的一个多尺度分析。

3.3 Box样条正交周期尺度函数和周期小波的构造

上一节,我们给出了$L_*^2(\Omega)$的一个周期多尺度分析,在此基础上,本节我们利用文献[92]的方法构造出相应的正交周期尺度函数和周期小波。

虽然函数系$\{B_k^j(t);k\in\Delta_j\}$构成了$V_j$的一组基底,但这组基底并不是正规正交的,接下来我们构造V_j的正规正交基。

对$j\geqslant 0,k\in\Delta_j$,令

$$\varphi_k^j(t) = a_k^j\sum_{l\in\Delta_j} g_l^N(2^{-j}k)B_l^j(t) \tag{3.11}$$

其中

$$a_k^j = \frac{\sqrt{3}}{2}\Theta_{\tilde{m}}^{-1/2}(2^{-j}k) \tag{3.12}$$

为正规化因子,此处的$\Theta_{\tilde{m}}$由式(3.6)给出(显然a_k^j为正实数)。

类似于命题3.2.2,我们可得如下定理。

定理3.3.1 对$\forall j\geqslant 0,k\in\Delta_j$,设$\varphi_k^j(t)$由式(3.11)定义,则$\{\varphi_k^j(t);k\in\Delta_j\}$构成了$V_j$的一组正规正交基,并且

(1)$\varphi_k^j(t+N\boldsymbol{E}n)=\varphi_k^j(t),\forall n\in\mathbb{Z}^2$。

(2)$\varphi_{k+2^jN\boldsymbol{E}n}^j(t)=\varphi_k^j(t),\forall n\in\mathbb{Z}^2$。

(3)$\varphi_k^j(t)$满足如下加细方程

$$\varphi_k^j(t) = \sum_{\nu=0}^{3}\beta(j,\nu,k)\varphi_{k_\nu^j}^{j+1}(t) \tag{3.13}$$

其中

$$\beta(j,\nu,k) = a_k^j \left(a_{k_\nu^j}^{j+1} \right)^{-1} C\left(-2^{-(j+1)} k_\nu^j \right) \tag{3.14}$$

此处 $C(\omega)$ 由式(3.5)定义，$k_\nu^j = k + 2^j N s_{k,\nu}^j \tau_\nu$，其中的 $s_{k,\nu}^j$ 取值见表 3.1，表中的 Δ_j^i，$i=1,2,3,4,5,6$ 为 Δ_j 的子集(图 3.5)定义为

表 3.1　符号 $s_{k,i}^j$ 的取值表

i \ s \ k	Δ_j^1	Δ_j^2	Δ_j^3	Δ_j^4	Δ_j^5	Δ_j^6
0	1	1	1	1	1	1
1	−1	−1	−1	1	1	1
2	1	1	−1	−1	−1	1
3	−1	1	1	1	−1	−1

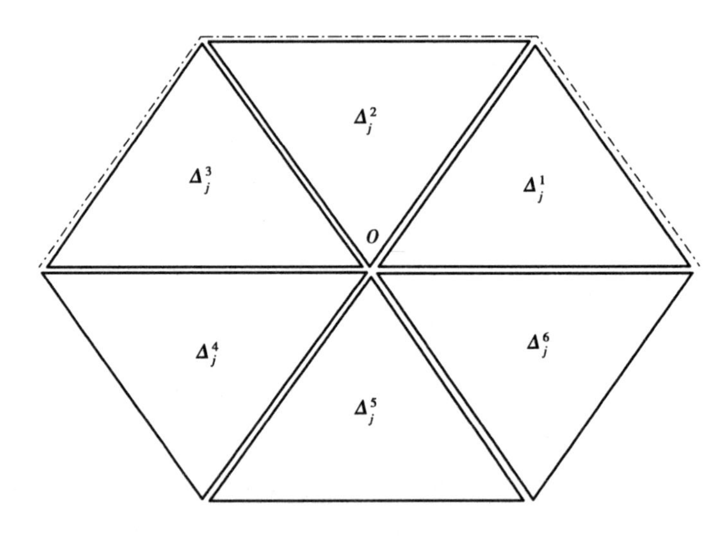

图 3.5　Δ_j 的剖分 Δ_j^i，$i=1,2,3,4,5,6$

$$\Delta_j^1 = \{\boldsymbol{p} = (p_1, p_2, p_3)^{\mathrm{T}} \in \Delta_j; p_1 \geqslant 0, p_2 < 0, p_3 > 0\},$$

$$\Delta_j^2 = \{\boldsymbol{p} = (p_1, p_2, p_3)^{\mathrm{T}} \in \Delta_j; p_1 > 0, p_2, p_3 \leqslant 0\},$$

$$\Delta_j^3 = \{\boldsymbol{p} = (p_1, p_2, p_3)^{\mathrm{T}} \in \Delta_j; p_1 \geqslant 0, p_2 > 0, p_3 < 0\},$$

$$\Delta_j^4 = \{\boldsymbol{p} = (p_1, p_2, p_3)^{\mathrm{T}} \in \Delta_j; p_1 < 0, p_2 > 0, p_3 \leqslant 0\},$$

$\Delta_j^5 = \{\boldsymbol{p} = (p_1, p_2, p_3)^{\mathrm{T}} \in \Delta_j; p_1 < 0, p_2, p_3 > 0\}$,

$\Delta_j^6 = \{\boldsymbol{p} = (p_1, p_2, p_3)^{\mathrm{T}} \in \Delta_j; p_1 < 0, p_2 \leqslant 0, p_3 > 0\}$。

由式(3.11)定义的函数即为以 Ω 为周期的正交尺度函数。由定理 3.3.1 有如下命题。

命题 3.3.1　对 $j \geqslant 0, k \in \Delta_j$，设 $\beta(j,\nu,k)(\nu) = 0,1,2,3$，由式(3.14)定义，则

$$\sum_{\nu=0}^{3} \beta(j,\nu,k)^2 = 1 \tag{3.15}$$

下面我们构造相应的周期正交小波。

对于 $j \geqslant 0, k \in \Delta_j$，令

$$\boldsymbol{B}(j,k) = \begin{bmatrix} \beta(j,0,k) & \beta(j,1,k) & \beta(j,2,k) & \beta(j,3,k) \\ \beta(j,2,k) & \beta(j,3,k) & -\beta(j,0,k) & -\beta(j,1,k) \\ \beta(j,3,k) & -\beta(j,2,k) & \beta(j,1,k) & -\beta(j,0,k) \\ \beta(j,1,k) & -\beta(j,0,k) & -\beta(j,3,k) & \beta(j,2,k) \end{bmatrix} \tag{3.16}$$

$\boldsymbol{B}(j,k)$ 可表示为

$$\boldsymbol{B}(j,k) = (b_{u,v}^{j,k})_{0 \leqslant u,\nu \leqslant 3} \tag{3.17}$$

定义

$$\psi_k^{j,u}(\boldsymbol{t}) = \sum_{\nu=0}^{3} b_{u,\nu}^{j,k} \varphi_{k_\nu^j}^{j+1}(\boldsymbol{t}), u = 1,2,3 \tag{3.18}$$

其中 k_ν^j 由式(3.14)定义。

对 $j \geqslant 0$，令 $W_j^\nu = \mathrm{span}\{\psi_k^{j,\nu}; k \in \Delta_j\}, \nu = 1,2,3$，令 W_j 表示 V_j 在 V_{j+1} 中的正交补空间，则 $L_*^2(\Omega) = V_0 \bigoplus_{j \geqslant 0} W_j$。于是有如下定理。

定理 3.3.2　对 $j \geqslant 0$，$W_j^\nu (\nu = 1,2,3)$ 为 W_j 的正交子空间分解，即 $W_j = \bigoplus_{\nu=1}^3 W_j^\nu$，$W_j^\mu \perp W_j^\nu$，当 $1 \leqslant \mu \neq \nu \leqslant 3$ 时，$\{\psi_k^{j,\nu}(x); k \in \Delta_j, \nu = 1,2,3\}$ 构成了 W_j 的正规正交基。

进而 $\{\varphi_{\boldsymbol{k}}^0(x), k \in \Delta_0\} \cup \{\psi_k^{j,\nu}(x); k \in \Delta_j, \nu = 1,2,3\}_{j \geqslant 0}$ 构成了 $L_*^2(\Omega)$ 的标准正交基。

注 3.3.1　由于初始函数 $B(t)$ 为中心对称的，即 $B(t) = B(-t)$，则对任意的 $j \geqslant 0, k \in \Delta_j, \nu = 1,2,3$，由式(3.11)和式(3.18)分别定义的周期正交尺度函数 $\varphi_k^j(t)$ 和小波函数 $\psi_k^{j,\nu}(t)$ 为斜对称的，即 $\varphi_k^j(-x) = \overline{\varphi_k^j(x)}$，$\psi_k^{j,\nu}(-x) = \overline{\psi_k^{j,\nu}(x)}$。

注 3.3.2 由式(3.12)和式(3.14)我们还能够证明

$$a_{-k}^{j} = a_{k}^{j}, \beta(j,\nu,-k) = \beta(j,\nu,k), \forall j \geq 0, k \in \Delta_j, \nu = 1,2,3。$$

3.4 基于 Box 样条的双正交插值周期尺度函数和小波的构造

本节利用文献[72]中构造一元双正交插值周期小波的思想,构造了三向坐标系下以平行六边形为周期的双正交插值小波。构造的小波不仅具有双正交 M 插值的性质,还具有实值、对称等好的性质,且构造过程计算简单。

我们先构造具有插值性质的 Box 样条双正交周期尺度函数 $D_k^j(x)$ 与 $\tilde{D}_k^j(x)$。

命题 3.4.1 对任意 $j \geq 0, k \in \Delta_j$,函数 $\varphi_k^j(x)$ 的 Fourier 级数表示为

$$\varphi_k^j(x) = c_k^j \sum_{m \in \mathbb{Z}^2} \hat{B}(2^{-j}k + NEm) g_{2^j NEm+k}^N(x) \tag{3.19}$$

其中 $c_k^j = \Theta^{-\frac{1}{2}}(2^{-j}k)$。

证明 对任意 $j \geq 0, k \in \Delta_j$,由式(3.11)和命题 3.1.4 可得

$$\begin{aligned}
\varphi_k^j(x) &= a_k^j \sum_{p \in \Delta_j} g_p^N(2^{-j}k) B_p^j(x) \\
&= a_k^j \sum_{p \in \Delta_j} g_p^N(2^{-j}k) c_\Omega^{-1} 4^{-j} \sum_{q \in \Lambda} \hat{B}(2^{-j}q) g_q^N(x) g_q^N(-2^{-j}p) \\
&= a_k^j c_\Omega^{-1} 4^{-j} \sum_{p \in \Delta_j} g_p^N(2^{-j}k) \sum_{\mu \in \Delta_j} \sum_{m \in \mathbb{Z}^2} \hat{B}(2^{-j}\mu + NEm) \\
&= g_{2^j NEm+\mu}^N(x) g_{2^j NEm+\mu}^N(-2^{-j}p) \\
&= a_k^j c_\Omega^{-1} 4^{-j} \sum_{\mu \in \Delta_j} \sum_{m \in \mathbb{Z}^2} \hat{B}(2^{-j}\mu + NEm) g_{2^j NEm+\mu}^N(x) \sum_{p \in \Delta_j} g_p^N(2^{-j}(k-\mu)) \\
&= c_k^j \sum_{m \in \mathbb{Z}^2} \hat{B}(2^{-j}k + NEm) g_{2^j NEm+k}^N(x)
\end{aligned}$$

证毕。

由 Box 样条的性质可得,对任意 $j \geq 0, k \in \Delta_j$

$$\varphi_k^j(0) = c_k^j \sum_{m\in\mathbb{Z}^2} \hat{B}(2^{-j}k + N\boldsymbol{E}m) \neq 0$$

又

$$\varphi_k^j(x - 2^{-j}p) = c_k^j \sum_{m\in\mathbb{Z}^2} \hat{B}(2^{-j}k + N\boldsymbol{E}m) g_{2^jN\boldsymbol{E}m+k}^N (x - 2^{-j}p)$$

$$= g_k^N(-2^{-j}p) c_k^j \sum_{m\in\mathbb{Z}^2} \hat{B}(2^{-j}k + N\boldsymbol{E}m) g_{2^jN\boldsymbol{E}m+k}^N (x)$$

$$= g_k^N(-2^{-j}p)\varphi_k^j(x) \tag{3.20}$$

所以对任意$j\geqslant 0, k\in\Delta_j$，设$\alpha_k^j = (\#_j\varphi_k^j(0))^{-1}$，其中$\#_j = 4^j3N^2$。定义

$$D^j(x) = \sum_{k\in\Delta_j} \alpha_k^j \varphi_k^j(x) \tag{3.21}$$

则有如下命题。

命题 3.4.2　对任意$j\geqslant 0$，函数$D^j(x)$具有插值性质：

$$D^j(2^{-j}p) = \delta_{p,0}$$

对任意的$p\in\Delta_j$。

证明　由式(3.21)和式(3.20)，对于任意$j\geqslant 0, p\in\Delta_j$有

$$D^j(2^{-j}p) = \sum_{k\in\Delta_j} \alpha_k^j \varphi_k^j(2^{-j}p)$$

$$= \sum_{k\in\Delta_j} \alpha_k^j \varphi_k^j(0) g_k^N(2^{-j}p)$$

$$= \#_j^{-1} \sum_{k\in\Delta_j} g_k^N(2^{-j}p)$$

$$= \delta_{p,0}$$

插值尺度函数$D^0(x)$的图像如图3.6所示。

对任意$j\geqslant 0, k\in\Delta_j$，定义

$$D_k^j(x) = D^j(x - 2^{-j}k) \tag{3.22}$$

则由命题3.4.2和式(3.20)可得如下命题。

命题 3.4.3　对任意$j\geqslant 0, k, p\in\Delta_j$，由式(3.22)定义的函数$D_k^j(x)$具有插值性质

$$D_k^j(2^{-j}p) = \delta_{k,p}$$

并且

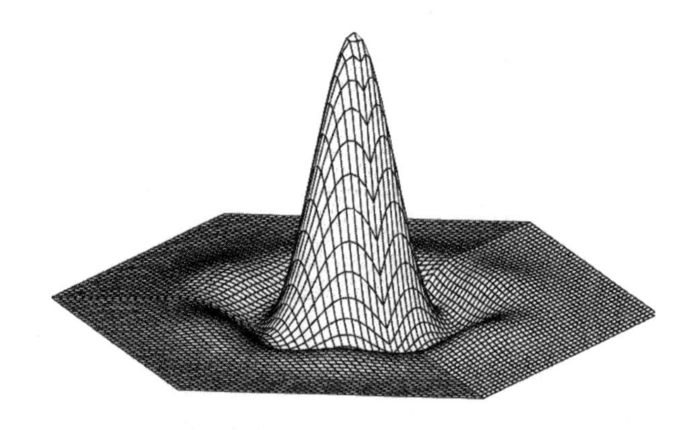

图 3.6　插值尺度函数 $D^0(\boldsymbol{x})$ 的图像

$$D_k^j(x) = \sum_{p \in \Delta_j} \alpha_{k,p}^j \varphi_p^j(x) \tag{3.23}$$

其中 $\alpha_{k,p}^j = \alpha_p^j g_p^N(-2^{-j}k)$。

证明　由定义式(3.20)和性质式(3.22)可得

$$\begin{aligned} D_k^j(x) &= \sum_{p \in \Delta_j} \alpha_p^j \varphi_p^j(x - 2^{-j}k) \\ &= \sum_{p \in \Delta_j} \alpha_p^j g_p^N(-2^{-j}k) \varphi_p^j(x) \\ &= \sum_{p \in \Delta_j} \alpha_{k,p}^j \varphi_p^j(x) \end{aligned}$$

进而我们有如下命题。

命题 3.4.4　对 $j \geqslant 0$,函数系 $\{D_k^j(x); k \in \Delta_j\}$ 构成了 V_j 的一组基底,并且下面表示成立

$$\varphi_k^j(x) = \sum_{p \in \Delta_j} \varphi_k^j(2^{-j}p) D_p^j(x) \tag{3.24}$$

证明　如果有常数 $\{\beta_k^j; k \in \Delta_j\}$ 使得

$$\sum_{k \in \Delta_j} \beta_k^j D_k^j(x) = 0, \forall x \in \Omega$$

则由 $D_k^j(x)$ 的插值性质,可取 $x = 2^{-j}p, p \in \Delta_j$,从而有

$$\beta_p^j = 0, \forall p \in \Delta_j$$

即函数系 $\{D_k^j(x); k \in \Delta_j\}$ 是线性无关的,因此它构成了 V_j 的一组基底。

由于对任意 $k \in \Delta_j, \varphi_k^j(\boldsymbol{x}) \in V_j$ 可由基底 $\{D_k^j(x); k \in \Delta_j\}$ 线性表示。设

$$\varphi_k^j(x) = \sum_{p \in \Delta_j} \eta_{k,p}^j D_p^j(x), \forall x \in \Omega$$

同上，再取 $x = 2^{-j}p, p \in \Delta_j$ 可得

$$\eta_{k,p}^j = \varphi_k^j(2^{-j}p), \forall p \in \Delta_j$$

证毕。

对 $j \geqslant 0, k \in \Delta_j$，由命题 3. 4. 3 和命题 3. 4. 4 中的表示式(3. 23)和式(3. 24)，我们有

$$D_k^j(x) = \sum_{p \in \Delta_j} \alpha_{k,p}^j \varphi_p^j(x)$$

$$= \sum_{p \in \Delta_j} \alpha_{k,p}^j \sum_{q \in \Delta_j} \varphi_p^j(2^{-j}q) D_q^j(x)$$

上式中我们特别取 $x = 2^{-j}l, l \in \Delta_j$，由 $D_k^j(x)$ 的插值性质有

$$\sum_{p \in \Delta_j} \alpha_{k,p}^j \varphi_p^j(2^{-j}l) = D_k^j(2^{-j}l) = \delta_{k,l}, k, l \in \Delta_j \tag{3.25}$$

若定义矩阵 $M_j = (\alpha_{k,p}^j)_{k,p \in \Delta_j}$，$N_j = (\varphi_p^j(2^{-j}l))_{p,l \in \Delta_j}$，则式(3. 25)等于

$$M_j N_j = I_{\#j} \tag{3.26}$$

下面，我们构造 $D_k^j(x)$ $(j \geqslant 0, k \in \Delta_j)$ 的对偶函数。

对任意 $j \geqslant 0, k \in \Delta_j$，定义

$$\tilde{D}_k^j(x) = \sum_{p \in \Delta_j} \overline{\varphi}_p^j(2^{-j}k) \varphi_p^j(x) \tag{3.27}$$

对偶尺度函数 $\tilde{D}_{(0,0,0)}^0(x)$ 的图像如图 3. 7 所示。

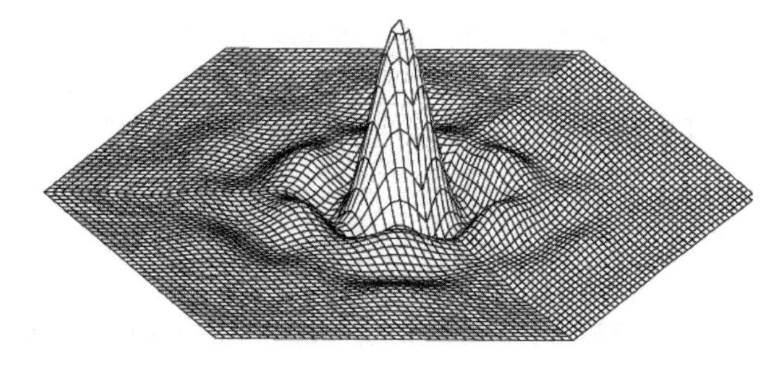

图 3. 7　对偶尺度函数 $\tilde{D}_{(0,0,0)}^0(x)$ 的图像

命题 3.4.5　对任意 $j\geqslant 0,k\in\Delta_j$，设 $\widetilde{D}_k^j(x)$ 由式(3.27)定义，则

$$\varphi_k^j(x) = \sum_{p\in\Delta_j}\overline{\alpha}_{p,k}^j D_p^j(x) \tag{3.28}$$

进而，函数系 $\{D_k^j(x),k\in\Delta_j\}$ 构成了 V_j 的一组基底。

证明　只需证明式(3.28)即可。

由式(3.26)可得：对 $j\geqslant 0,M_j^* N_j^* = I_{\#j}$，其中矩阵 $\boldsymbol{M}_j^*$ 表示矩阵 $\boldsymbol{M}_j$ 的共轭转置矩阵，此矩阵等式又等价于

$$\sum_{q\in\Delta_j}\overline{\alpha}_{q,k}^j\overline{\varphi}_l(2^{-j}q) = \delta_{k,l},\forall k,l\in\Delta_j$$

从而，对任意 $j\geqslant 0,k\in\Delta_j$ 有

$$\begin{aligned}
&\sum_{p\in\Delta_j}\overline{\alpha}_{p,k}^j D_p^j(x)\\
&= \sum_{p\in\Delta_j}\overline{\alpha}_{p,k}^j\sum_{q\in\Delta_j}\overline{\varphi}_q^j(2^{-j}p)\varphi_q^j(x)\\
&= \sum_{q\in\Delta_j}\varphi_q^j(x)\sum_{p\in\Delta_j}\overline{\alpha}_{p,k}^j\overline{\varphi}_q^j(2^{-j}p)\\
&= \sum_{q\in\Delta_j}\varphi_q^j(x)\delta_{k,q}\\
&= \varphi_k^j(x)
\end{aligned}$$

证毕。

另外，由式(3.23)和式(3.27)，我们容易得到如下命题。

命题 3.4.6　对任意 $j\geqslant 0,k,l\in\Delta_j$，设 $D_k^j(x)$，$\widetilde{D}_l^j(x)$ 分别由式(3.22)和式(3.27)定义，则

$$\langle D_k^j(x),D_l^j(x)\rangle = \delta_{k,l},\forall k,l\in\Delta_j。$$

证明　由定义式(3.22)、式(3.25)和式(3.27)，对任意的 $k,p\in\Delta_j$，有

$$\begin{aligned}
&\langle D_k^j(x),D_l^j(x)\rangle\\
&= \langle\sum_{p\in\Delta_j}\alpha_{k,p}^j\varphi_p^j,\sum_{q\in\Delta_j}\overline{\varphi}_q^j(2^{-j}l)\varphi_q^j\rangle
\end{aligned}$$

$$= \sum_{p\in\Delta_j}\sum_{q\in\Delta_j}\alpha_{k,p}^{j}\varphi_{q}^{j}(2^{-j}l)\langle\varphi_{p}^{j},\varphi_{q}^{j}\rangle$$

$$= \sum_{p\in\Delta_j}\alpha_{k,p}^{j}\varphi_{p}^{j}(2^{-j}l)$$

$$= \delta_{k,l}$$

于是得到了一对双正交尺度函数 $D_k^j(x)$ 和 $\tilde{D}_k^j(x)$。

下面,我们来构造具有插值性质的双正交周期小波 $G_k^{j,\nu}(x)$ 和 $\tilde{G}_k^{j,\nu}(x)$。

对于任意的 $j\geqslant 0, k\in\Delta_j$,由式(3.12)定义的 a_k^j 显然恒为正的,由式(3.14)定义的 $\beta(k,\nu,j), \nu=0,1,2,3$ 也都是正的。进而,对于任意的 $j\geqslant 0, k\in\Delta_j, \nu=0,1,2,3$,由式(3.18)和式(3.20)有

$$\psi_k^{j,\nu}(2^{-(j+1)}\tau_\nu)g_k^N(-2^{-(j+1)}\tau_\nu)$$

$$= \sum_{u=0}^{3} b_{\nu,u}^{j,k}\varphi_{k_u^j}^{j+1}(2^{-(j+1)}\tau_\nu)g_k^N(-2^{-(j+1)}\tau_\nu)$$

$$= \sum_{u=0}^{3} b_{\nu,u}^{j,k}g_{2jN_w}^{N}(2^{-(j+1)}\tau_\nu)\varphi_{k_b^j}^{j+1}(0) > 0$$

其中用到了

$$g_{2jN\tau_u}^{N}(2^{-(j+1)}\tau_\nu) = \begin{cases} 1, & \text{当 } u\nu = 0 \text{ 或 } u = \nu \neq 0, \\ -1, & \text{当 } u\nu \neq 0 \text{ 且 } u \neq \nu。\end{cases} \tag{3.29}$$

对任意 $u,\nu=0,1,2,3$,从而对于任意的 $j\geqslant 0, k\in\Delta_j, \nu=0,1,2,3$,

$$g_k^N(2^{-(j+1)}\tau_\nu) \neq 0$$

故,对于任意的 $j\geqslant 0, k\in\Delta_j, \nu=0,1,2,3$,

$$\psi_k^{j,\nu}(2^{-(j+1)}\tau_\nu) = \psi_k^{j,\nu}(2^{-(j+1)}\tau_\nu)g_k^N(-2^{-(j+1)}\tau_\nu)g_k^N(2^{-(j+1)}\tau_\nu) \neq 0$$

所以可以定义

$$G^{j,\nu}(x) = \sum_{p\in\Delta_j}\lambda_p^{j,\nu}\psi_p^{j,\nu}(x), j\geqslant 0, k\in\Delta_j, \nu=1,2,3 \tag{3.30}$$

其中 $\lambda_p^{j,\nu}=(\#_j\psi_p^{j,\nu}(2^{-(j+1)}\tau_\nu))^{-1}$。

插值小波函数 $G^{0,1}(x), G^{0,2}(x), G^{0,3}(x)$ 的图像如图 3.8—图 3.10 所示。

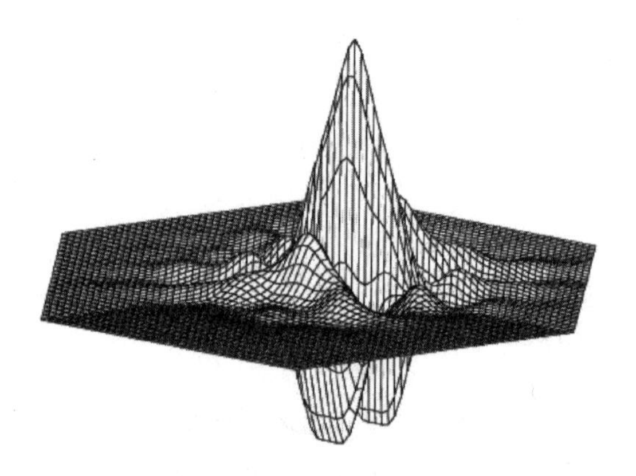

图 3.8　插值小波函数 $G^{0,1}(x)$ 的图像

又对于 $j\geqslant 0, k\in\Delta_j, u=1,2,3$，由式(3.18)和式(3.20)有

$$
\begin{aligned}
&\psi_k^{j,u}(x-2^{-j}l)\\
&=\sum_{v=0}^{3} b_{u,v}^{j,k}\varphi_{k_v^j}^{j+1}(x-2^{-j}l)\\
&=\sum_{v=0}^{3} b_{u,v}^{j,k}\varphi_{k_v^j}^{j+1}(x)g_{k_v^j}^{N}(-2^{-j}l)\\
&=\sum_{v=0}^{3} b_{u,v}^{j,k}\varphi_{k_v^j}^{j+1}(x)g_{k}^{N}(-2^{-j}l)\\
&=\psi_k^{j,u}(x)g_k^N(-2^{-j}l)
\end{aligned}
$$

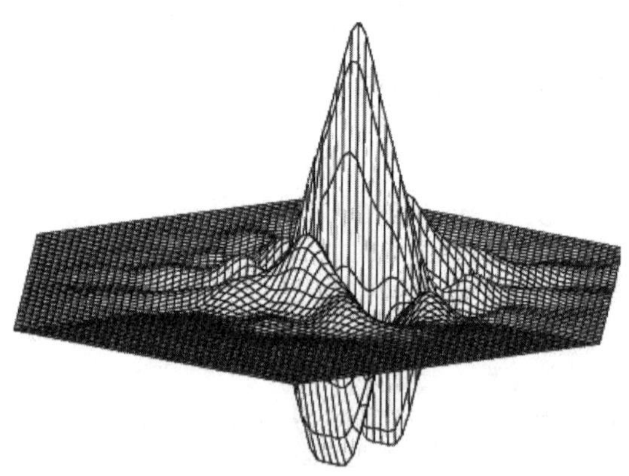

图 3.9　插值小波函数 $G^{0,2}(x)$ 的图像

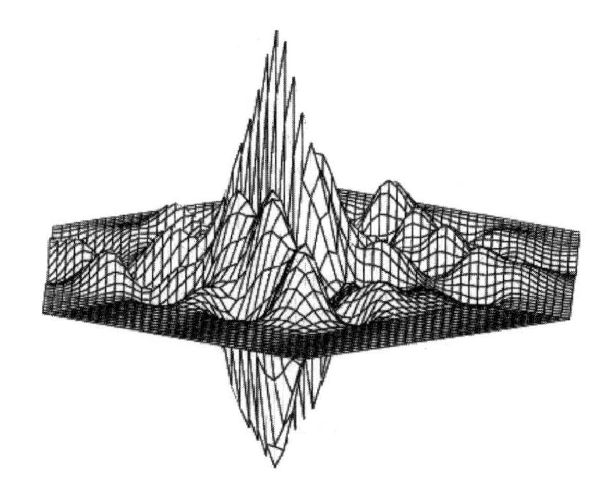

图 3.10　插值小波函数 $G^{0,3}(x)$ 的图像

由此我们可得

$$
\begin{aligned}
& G^{j,\nu}(2^{-(j+1)}\tau_\nu + 2^{-j}k) \\
&= \sum_{p\in\Delta_j} \lambda_p^{j,\nu}\psi_p^{j,\nu}(2^{-(j+1)}\tau_\nu + 2^{-j}k) \\
&= \sum_{p\in\Delta_j} \lambda_p^{j,\nu}\psi_p^{j,\nu}(2^{-(j+1)}\tau_\nu) g_p^N(2^{-j}k) \qquad (3.31) \\
&= \#_j^{-1} \sum_{p\in\Delta_j} g_p^N(2^{-j}k) \\
&= \delta_{0,k}
\end{aligned}
$$

从而，对于 $j\geqslant 0, k\in\Delta_j, \nu=1,2,3$，若令

$$
G_k^{j,\nu}(x) = G^{j,\nu}(x - 2^{-j}k) \qquad (3.32)
$$

则类似于命题 3.4.3，我们可得如下命题。

命题 3.4.7　对于 $j\geqslant 0, k\in\Delta_j, \nu=1,2,3$，设 $G_k^{j,\nu}(x)$ 由式(3.32)定义，则

$$
G_k^{j,\nu}(2^{-(j+1)}\tau_\nu + 2^{-j}l) = \delta_{k,l}
$$

并且有表示

$$
G_k^{j,\nu}(x) = \sum_{p\in\Delta_j} \lambda_{k,p}^{j,\nu}\psi_p^{j,\nu}(x) \qquad (3.33)
$$

其中 $\lambda_{k,p}^{j,\nu} = \lambda_p^{j,\nu} g_p^N(-2^{-j}k), p\in\Delta_j$。

同样，类似于命题 3.4.4，可得如下命题。

命题 3.4.8　对 $j\geqslant 0, \nu=1,2,3$，函数系 $\{G_k^{j,\nu}(x); k\in\Delta_j\}$ 构成了 W_j^ν 的一组基

底，并且下面表示成立

$$\psi_k^{j,\nu}(x) = \sum_{p \in \Delta_j} \psi_k^{j,\nu}(2^{-(j+1)}\tau_\nu + 2^{-j}p) G_p^{j,\nu}(x), \forall k \in \Delta_j \tag{3.34}$$

由命题3.4.7和命题3.4.8，类似式(3.25)的推导，对任意$j \geqslant 0, \nu = 1,2,3,k,l \in \Delta_j$，有

$$\sum_{p \in \Delta_j} \lambda_{k,p}^{j,\nu} \psi_p^{j,\nu}(2^{-(j+1)}\tau_\nu + 2^{-j}l) = \delta_{k,l} \tag{3.35}$$

从而，对$j \geqslant 0, \nu = 1,2,3$，若令

$$X_j^\nu = (\lambda_{k,p}^{j,\nu})_{k,p \in \Delta_j}, Y_j^\nu = (\psi_p^{j,\nu}(2^{-(j+1)}\tau_\nu + 2^{-j}l))_{p,l \in \Delta_j}$$

则式(3.35)等价于

$$X_j^\nu Y_j^\nu = I_{\#_j} \tag{3.36}$$

下面，我们来定义相应的对偶双正交小波函数。

对$j \geqslant 0, \nu = 1,2,3, k \in \Delta_j$，我们定义

$$\tilde{G}_k^{j,\nu}(x) = \sum_{p \in \Delta_j} \overline{\psi}_p^{j,\nu}(2^{-(j+1)}\tau_\nu + 2^{-j}k) \psi_p^{j,\nu}(x) \tag{3.37}$$

对任意$j \geqslant 0, \nu = 1,2,3$，由式(3.36)可得：$(X_j^\nu)^*(Y_j^\nu)^* = I_{\#j}$，从而类似命题3.4.5，有如下命题。

命题 3.4.9　对$j \geqslant 0, \nu = 1,2,3, k \in \Delta_j$，设$\tilde{G}_k^{j,\nu}(x)$由式(3.37)定义，则有如下表示

$$\psi_k^{j,\nu}(x) = \sum_{p \in \Delta_j} \overline{\lambda}_{p,k}^{j,\nu} \tilde{G}_p^{j,\nu}(x) \tag{3.38}$$

进而，函数系$\{\tilde{G}_k^{j,\nu}(x); k \in \Delta_j\}$构成了$W_j^\nu$的一组基底。

另外，由式(3.36)，类似命题3.4.6有如下命题。

命题 3.4.10　对任意$j \geqslant 0, k, l \in \Delta_j, \nu = 1,2,3$，设$G_k^{j,\nu}(x)$，$\tilde{G}_k^{j,\nu}(x)$分别由式(3.32)和式(3.37)定义，则

$$\langle G_k^{j,\nu}(x), G_l^{j,\nu}(x) \rangle = \delta_{k,l}, \forall k, l \in \Delta_j$$

命题3.4.8、命题3.4.9和命题3.4.10说明：对任意$j \geqslant 0, \nu = 1,2,3$，函数系$\{G_k^{j,\nu}(x); k \in \Delta_j\}$和$\{\tilde{G}_k^{j,\nu}(x); k \in \Delta_j\}$构成了$W_j^\nu$的一对对偶基，称其为双正交周期

小波。

下面证明基于 Box 样条构造的周期插值双正交尺度函数和小波都是实值，这给计算带来了很大方便。

命题 3.4.11　对任意 $j\geqslant 0,k\in\Delta_j,\nu=1,2,3$，由式(3.32)和式(3.22)定义的插值尺度函数 $G_k^j(x)$ 和小波 $G_k^{j,\nu}(x)$ 为实值的，并且满足如下对称关系：

$$
\begin{aligned}
D_k^j(2^{-j}k+x) &= D_k^j(2^{-j}k-x) \\
G_k^{j,\nu}(2^{-(j+1)}\tau_v+2^{-j}k+x) &= G_k^{j,\nu}(2^{-(j+1)}\tau_v+2^{-j}k-x)
\end{aligned}
\tag{3.39}
$$

事实上，对任意 $j\geqslant 0,k\in\Delta_j,\nu=1,2,3$，正交尺度函数和小波 $\varphi_k^j(x),\psi_k^{j,\nu}(x)$ 为斜对称的，即 $\varphi_k^j(-x)=\overline{\varphi_k^j(x)},\psi_k^{j,\nu}(-x)=\overline{\psi_k^{j,\nu}(x)}$。特别有 $\varphi_k^j(0)=\overline{\varphi}_k^j(0)$，$\psi_k^{j,\nu}(0)=\overline{\psi}_k^{j,\nu}(0)$，即 $\varphi_k^j(0),\psi_k^{j,\nu}(0)$ 均为实数，从而由定义式(3.21)和 $\varphi_k^j(-x)=\varphi_{-k}^j(x)$，有

$$
\begin{aligned}
\overline{D}^j(x) &= \sum_{k\in\Delta_j}\overline{\alpha}_k^j\overline{\varphi}_k^j(x) \\
&= \#_j^{-1}\sum_{k\in\Delta_j}\frac{\overline{\varphi}_k^j(x)}{\overline{\varphi}_k^j(0)} \\
&= \#_j^{-1}\sum_{k\in\Delta_j}\frac{\varphi_k^j(-x)}{\varphi_k^j(0)} \\
&= \#_j^{-1}\sum_{k\in\Delta_j}\frac{\varphi_{-k}^j(x)}{\varphi_{-k}^j(0)} \\
&= D^j(x)
\end{aligned}
$$

这说明了 $D^j(x)$ 为实值，又

$$
\begin{aligned}
D^j(-x) &= \#_j^{-1}\sum_{k\in\Delta_j}\frac{\varphi_k^j(-x)}{\varphi_k^j(0)} \\
&= \#_j^{-1}\sum_{k\in\Delta_j}\frac{\varphi_{-k}^j(x)}{\varphi_{-k}^j(0)} \\
&= D^j(x)
\end{aligned}
$$

这说明 $D^j(x)$ 为中心对称的。由此我们容易证明式(3.39)中的第一个等式成立。

另外，对于任意 $j\geqslant 0,k\in\Delta_j,\nu,\mu=1,2,3$，由式(3.29)有

$$g^{N}_{2^{j}N\tau_{\mu}}(2^{-(j+1)}\tau_{\mu}) = g^{N}_{2^{j}N\tau_{\nu}}(-2^{-(j+1)}\tau_{\mu})$$

又由注3.3.5,有

$$\psi_{k}^{j,\nu}(-x) = \overline{\psi}_{k}^{j,\nu}(x) = \psi_{-k}^{j,\nu}(x)$$

故由式(3.31),有

$$\begin{aligned}\psi_{k}^{j,\nu}(2^{-(j+1)}\tau_{\nu}+x) &= \psi_{-k}^{j,\nu}(2^{-j}\tau_{\nu}-2^{-(j+1)}\tau_{\nu}+x)\\ &= \psi_{-k}^{j,\nu}(2^{-(j+1)}\tau_{\nu}-x-2^{-j}\tau_{\nu})\\ &= \psi_{-k}^{j,\nu}(2^{-(j+1)}\tau_{\nu}-x)g^{N}_{-k}(-2^{-j}\tau_{\nu})\end{aligned}$$

从而有

$$(2^{-(j+1)}\tau_{\nu}+x)g^{N}_{k}(-2^{-(j+1)}\tau_{\nu}) = \psi_{-k}^{j,\nu}(2^{-(j+1)}\tau_{\nu}-x)g^{N}_{-k}(-2^{-(j+1)}\iota_{\nu})$$

特别有

$$\psi_{k}^{j,\nu}(2^{-(j+1)}\tau_{\nu})g^{N}_{k}(-2^{-(j+1)}\tau_{\nu}) = \psi_{-k}^{j,\nu}(2^{-(j+1)}\tau_{\nu})g^{N}_{-k}(-2^{-(j+1)}\tau_{\nu}) \quad (3.40)$$

则利用定义式(3.30)我们可以证明

$$\begin{aligned}G^{j,\nu}(2^{-(j+1)}\tau_{\nu}+x) &= \sum_{p\in\Delta_j}\lambda_{p}^{j,\nu}\psi_{p}^{j,\nu}(2^{-(j+1)}\tau_{\nu}+x)\\ &= \#_{j}^{-1}\sum_{p\in\Delta_j}\frac{\psi_{p}^{j,\nu}(2^{-(j+1)}\tau_{\nu}+x)}{\psi_{p}^{j,\nu}(2^{-(j+1)}\tau_{\nu})}\\ &= \#_{j}^{-1}\sum_{p\in\Delta_j}\frac{\psi_{p}^{j,\nu}(2^{-(j+1)}\tau_{\nu}+x)g^{N}_{p}(-2^{-(j+1)}\tau_{\nu})}{\psi_{p}^{j,\nu}(2^{-(j+1)}\tau_{\nu})g^{N}_{p}(-2^{-(j+1)}\tau_{\nu})}\\ &= \#_{j}^{-1}\sum_{p\in\Delta_j}\frac{\psi_{-p}^{j,\nu}(2^{-(j+1)}\tau_{\nu}-x)g^{N}_{-p}(-2^{-(j+1)}\tau_{\nu})}{\psi_{-p}^{j,\nu}(2^{-(j+1)}\tau_{\nu})g^{N}_{-p}(-2^{-(j+1)}\tau_{\nu})}\\ &= \#_{j}^{-1}\sum_{p\in\Delta_j}\frac{\psi_{p}^{j,\nu}(2^{-(j+1)}\tau_{\nu}-x)}{\psi_{p}^{j,\nu}(2^{-(j+1)}\tau_{\nu})}\\ &= G^{j,\nu}(2^{-(j+1)}\tau_{\nu}-x)\end{aligned}$$

故由定义式(3.32),式(3.39)中的第二个等式成立。

类似的有如下命题。

命题 3.4.12 由于我们是从 Box 样条出发,进一步可以证明:对任意 $j\geqslant 0$,$\boldsymbol{k}\in\Delta_j$,$\nu=1,2,3$,由式(3.27)和式(3.37)定义的插值尺度函数 $\widetilde{G}_{k}^{j}(x)$ 和小波 $\widetilde{G}_{k}^{j,\nu}(x)$ 亦为实值的,并且满足如下对称关系:

$$\widetilde{G}_k^j(2^{-j}k + x) = \widetilde{G}_k^j(2^{-j}k - x),$$

$$\widetilde{G}_k^{j,\nu}(2^{-j}k + x) = \widetilde{G}_k^{j,\nu}(2^{-j}k - x) \tag{3.41}$$

对偶小波函数 $\widetilde{G}^{0,1}(x)$，$\widetilde{G}^{0,2}(x)$，$\widetilde{G}^{0,3}(x)$的图像如图 3.11—图 3.13 所示。

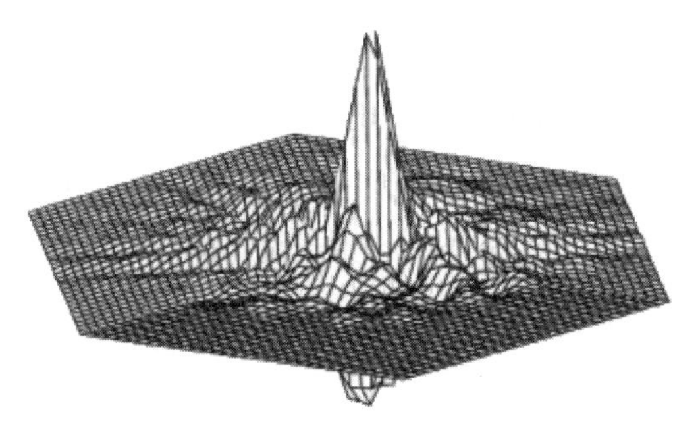

图 3.11　对偶小波函数 $\widetilde{G}^{0,1}(x)$的图像

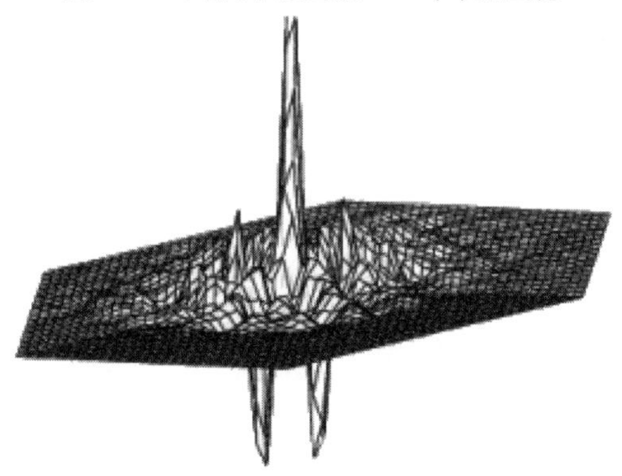

图 3.12　对偶小波函数 $\widetilde{G}^{0,2}(x)$的图像

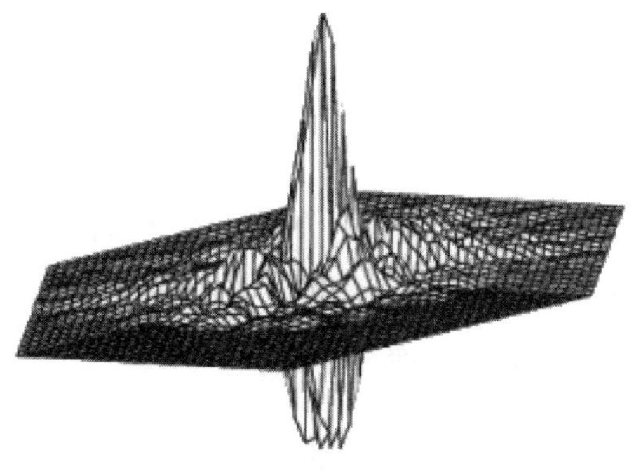

图 3.13　对偶小波函数 $\widetilde{G}^{0,3}(x)$的图像

3.5 分解重构算法的快速实现

不同于全空间上的小波,周期小波的滤波器随分辨率的提高而增长,因此,有必要考虑分解和重构算法的快速实现问题。基于小波的周期性,我们可结合三向坐标系下平行六边形上的广义 FFT 对分解与重构算法进行加速。本节针对前面构造的双正交尺度函数和双正交小波给出相应的两尺度关系,进而给出分解和重构算法,然后重点研究其具体实现问题。

首先,我们建立双正交尺度函数的两尺度关系。

由命题 3.4.4 可知,对任意 $j\geqslant 0,k\in\Delta_j,D_k^j(x)$ 可由 V_{j+1} 的基底 $\{D_k^{j+1}(x),k\in\Delta_{j+1}\}$ 来线性表示。设

$$D_k^j(x) = \sum_{p\in\Delta_{j+1}} c_{k,p}^j D_p^{j+1}(x)$$

上式中取 $x=2^{-(j+1)}l,l\in\Delta_{j+1}$,由 $D_p^{j+1}(x),p\in\Delta_{j+1}$ 的插值性质可得

$$c_{k,1}^j = D_k^j(2^{-(j+1)}l),l\in\Delta_{j+1}$$

从而可得

命题 3.5.1 对任意 $j\geqslant 0,k\in\Delta_j$,设 $D_k^j(x)$ 由式(3.22)定义,则

$$D_k^j(x) = \sum_{p\in\Delta_{j+1}} D_k^j(2^{-(j+1)}p)D_p^{j+1}(x) \tag{3.42}$$

注 3.5.1 对任意 $j\geqslant 0,k\in\Delta_j$,由 $D_k^j(x)$ 的插值性质可得:对任意 $p\in\Delta_{j+1}$,当 $l=p/2\in\Delta_j$ 时,

$$D_k^j(2^{-(j+1)}p) = D_k^j(2^{-j}l) = \delta_{k,l}$$

因此,两尺度关系式(3.42)中的组合系数有许多项为零。

接着我们建立对偶尺度函数的两尺度关系。

命题 3.5.2 对任意 $j\geqslant 0,k\in\Delta_j$,由式(3.27)定义的 $\tilde{D}_k^j(x)$ 满足如下两尺度关系:

$$\widetilde{D}_k^j(x) = \sum_{p \in \Delta_{j+1}} \widetilde{h}_{k,p}^j \widetilde{D}_p^{j+1}(x) \tag{3.43}$$

其中

$$\widetilde{h}_{k,p}^j = \sum_{q \in \Delta_j} \sum_{\nu=0}^{3} b_{0,\nu}^{j,q} \overline{\varphi}_q^j(2^{-j}k) \overline{\alpha}_{p,q_\nu^j}^{j+1} \tag{3.44}$$

此处的 $b_{0,\nu}^{j,q}$ 由式(3.17)定义。

证明　由式(3.27)、式(3.13)和式(3.28),对任意 $j \geqslant 0, k \in \Delta_j$ 有

$$\begin{aligned}
D_k^j(x) &= \sum_{q \in \Delta_j} \overline{\varphi}_q^j(2^{-j}k) \varphi_q^j(x) \\
&= \sum_{q \in \Delta_j} \overline{\varphi}_q^j(2^{-j}k) \sum_{\nu=0}^{3} b_{0,\nu}^{j,q} \varphi_{q_\nu^j}^{j+1}(x) \\
&= \sum_{q \in \Delta_j} \overline{\varphi}_q^j(2^{-j}k) \sum_{\nu=0}^{3} b_{0,\nu}^{j,q} \sum_{p \in \Delta_{j+1}} \overline{\alpha}_{p,q_\nu^j}^{j+1} D_p^{j+1}(x) \\
&= \sum_{p \in \Delta_{j+1}} \widetilde{h}_{k,p}^j D_p^{j+1}(x)
\end{aligned}$$

下面给出对应小波的两尺度关系。

与式(3.42)和式(3.43)相似,有如下命题。

命题 3.5.3　对任意 $j \geqslant 0, k \in \Delta_j, \nu = 1,2,3$,则分别由式(3.32)和式(3.37)定义的 $G_k^{j,\nu}(x)$, $\widetilde{G}_k^{j,\nu}(x)$ 满足如下尺度关系:

$$G_k^{j,\nu}(x) = \sum_{p \in \Delta_{j+1}} G_k^{j,\nu}(2^{-(j+1)}p) D_p^{j+1}(x)$$

$$\widetilde{G}_k^{j,\nu}(x) = \sum_{p \in \Delta_{j+1}} \widetilde{\chi}_{k,p}^{j,\nu} \widetilde{D}_p^{j+1}(x)$$

其中

$$\widetilde{\chi}_{k,p}^{j,\nu} = \sum_{q \in \Delta_j} \sum_{\mu=0}^{3} b_{\nu,\mu}^{j,q} \overline{\psi}_q^{j,\nu}(2^{-(j+1)} \tau_\nu + 2^{-j}k) \overline{\alpha}_{p,q_\mu^j}^{j+1} \tag{3.45}$$

此处的 $b_{\nu,\mu}^{j,q}$ 由式(3.17)定义。

证明　这里只证明对偶小波的两尺度关系。对任意 $j \geqslant 0, k \in \Delta_j, \nu = 1,2,3$,由定义式(3.37)、式(3.18)和命题 3.4.5,有

$$G_k^{j,\nu}(x) = \sum_{q \in \Delta_j} \overline{\psi}_q^{j,\nu}(2^{-(j+1)} \tau_\nu + 2^{-j}k) \psi_q^{j,\nu}(x)$$

$$= \sum_{q \in \Delta_j} \overline{\psi}_q^{j,\nu}(2^{-(j+1)}\tau_\nu + 2^{-j}k) \sum_{\mu=0}^{3} b_{\nu,\mu}^{j,q} \varphi_{q_\mu^j}^{j+1}(x)$$

$$= \sum_{q \in \Delta_j} \overline{\psi}_q^{j,\nu}(2^{-(j+1)}\tau_\nu + 2^{-j}k) \sum_{\mu=0}^{3} b_{\nu,\mu}^{j,q} \sum_{p \in \Delta_{j+1}} \overline{\alpha}_{p,q_\mu^j}^{j+1} \widetilde{D}_p^{j+1}(x)$$

$$= \sum_{p \in \Delta_{j+1}} \widetilde{\chi}_{k,p}^{j} \widetilde{D}_p^{j+1}(x)$$

综上所述，对任意$j \geqslant 0, k \in \Delta_j, \nu = 1,2,3$，双正交尺度函数$D_k^j(x)$，$\widetilde{D}_k^j(x)$和双正交小波函数$G_k^{j,\nu}(x)$，$\widetilde{G}_k^{j,\nu}(x)$的相应的两尺度关系分别为

$$D_k^j(x) = \sum_{p \in \Delta_{j+1}} h_{k,p}^j D_p^{j+1}(x), \widetilde{D}_k^j(x) = \sum_{p \in \Delta_{j+1}} \widetilde{h}_{k,p}^j \widetilde{D}_p^{j+1}(x)$$

$$G_k^{j,\nu}(x) = \sum_{p \in \Delta_{j+1}} \chi_{k,p}^{j,\nu} D_p^{j+1}(x), \widetilde{G}_k^{j,\nu}(x) = \sum_{p \in \Delta_{j+1}} \widetilde{\chi}_{k,p}^{j,\nu} \widetilde{D}_p^{j+1}(x) \quad (3.46)$$

其中

$$h_{k,p}^j = D_k^j(2^{-(j+1)}p), \chi_{k,p}^{j,\nu} = G_k^{j,\nu}(2^{-(j+1)}p) \quad (3.47)$$

$h_{k,p}^j$，$\widetilde{\chi}_{k,p}^{j,\nu}$由式(3.44)和式(3.45)定义。

下面，我们给出对应的分解重构公式。

对任意$j \geqslant 0, f \in L_*^2(\Omega)$，定义投影算子：

$$P_j: L_*^2(\Omega) \to V_j, (P_j f)(x) = \sum_{k \in \Delta_j} \langle f, D_k^j \rangle D_k^j(x)$$

$$Q_j^\nu: L_*^2(\Omega) \to W_j^\nu, (Q_j^\nu f)(x) = \sum_{k \in \Delta_j} \langle f, G_k^{j,\nu} \rangle G_k^{j,\nu}(x), \nu = 1,2,3 \quad (3.48)$$

对任意$j \geqslant 0, k \in \Delta_j, \nu = 1,2,3$，记

$$c_k^j = \langle f, \widetilde{D}_k^j \rangle, d_k^{j,\nu} = \langle f, \widetilde{G}_k^{j,\nu} \rangle$$

则由两尺度关系式(3.46)，对任意$j \geqslant 0, k \in \Delta_j$，我们有

$$c_k^j = \langle f, \widetilde{D}_k^j \rangle$$

$$= \langle f, \sum_{p \in \Delta_{j+1}} \overline{\widetilde{h}}_{k,p}^j \widetilde{D}_p^{j+1} \rangle$$

$$= \sum_{p \in \Delta_{j+1}} \overline{\widetilde{h}}_{k,p}^j \langle f, \widetilde{D}_p^{j+1} \rangle$$

$$= \sum_{p \in \Delta_{j+1}} \overline{\tilde{h}}^{j}_{k,p} c_p^{j+1}$$

同理可得

$$d_k^{j,\nu} = \sum_{p \in \Delta_{j+1}} \overline{\tilde{\chi}}^{j,\nu}_{k,p} c_p^{j+1}, \nu = 1,2,3$$

同样,由两尺度关系式(3.46)和定义式(3.48),对于任意$j \geqslant 0, k \in \Delta_{j+1}$,有

$$\begin{aligned}
c_k^{j+1} &= \langle f, \tilde{D}_k^{j+1} \rangle \\
&= \langle P_j f + \sum_{\nu=1}^{3} Q_j f, \tilde{D}_k^{j+1} \rangle \\
&= \sum_{p \in \Delta_j} c_p^j \langle D_p^j, \tilde{D}_k^{j+1} \rangle + \sum_{\nu=1}^{3} \sum_{p \in \Delta_j} d_p^{j,\nu} \langle G_p^{j,\nu}, \tilde{D}_k^{j+1} \rangle \\
&= \sum_{p \in \Delta_j} c_p^j \sum_{q \in \Delta_{j+1}} h_{p,q}^j \langle D_q^{j+1}, \tilde{D}_k^{j+1} \rangle + \\
&\quad \sum_{\nu=1}^{3} \sum_{p \in \Delta_j} d_p^{j,\nu} \sum_{q \in \Delta_{j+1}} \chi_{p,q}^{j,\nu} \langle D_q^{j+1}, \tilde{D}_k^{j+1} \rangle \\
&= \sum_{p \in \Delta_j} h_{p,k}^j c_p^j + \sum_{\nu=1}^{3} \sum_{p \in \Delta_j} \chi_{p,k}^{j,\nu} d_p^{j,\nu}
\end{aligned}$$

从而得到

分解算法:

$$\begin{cases} c_k^j = \sum_{p \in \Delta_{j+1}} \overline{\tilde{h}}^{j}_{k,p} c_p^{j+1} \\ d_k^{j,\nu} = \sum_{p \in \Delta_{j+1}} \overline{\tilde{\chi}}_{k,p} c_p^{j+1}, \nu = 1,2,3 \end{cases} \tag{3.49}$$

重构算法:

$$c_k^{j+1} = \sum_{p \in \Delta_j} h_{p,k}^j c_p^j + \sum_{\nu=1}^{3} \sum_{p \in \Delta_j} \chi_{p,k}^{j,\nu} d_p^{j,\nu} \tag{3.50}$$

其中

$$h_{k,p}^j = D_k^j(2^{-(j+1)}p), \chi_{k,p}^{j,\nu} = G_k^{j,\nu}(2^{-(j+1)}p) \tag{3.51}$$

$h_{k,p}^j, \chi_{k,p}^{j,\nu}$由式(3.44)和式(3.45)定义。

下面考虑算法的快速实现问题,首先考虑算法的初始化问题。

若$f \in V_J$,则$f(x)$可表示为

$$f(x) = \sum_{p \in \Delta_j} \langle f, D_p^J \rangle D_p^J(x)$$

注意到周期尺度函数 $D_p^J(x)$ 的插值性,我们有

$$\langle f, D_p^J \rangle = f(2^- Jp), \forall p \in \Delta_j$$

因此,分解算法中的最高分辨率小波展开系数就可以直接取为函数的离散采样值。

下面考虑分解算法。

为记号简单,令 $E_j^{pk} = g_p^N(2^{-j}k)$。则由式(3.49)和式(3.44)有

$$\begin{aligned}
c_k^j &= \sum_{p \in \Delta_{j+1}} \overline{\tilde{h}}_{k,p}^{j} c_p^{j+1} \\
&= \sum_{p \in \Delta_{j+1}} \sum_{q \in \Delta_j} \varphi_q^j(2^{-j}k) \sum_{\nu=0}^{3} \beta(j,\nu,q) \alpha_{p,q_\nu^j}^{j+1} c_p^{j+1} \\
&= N_{j+1}^{-2} \sum_{p \in \Delta_{j+1}} \sum_{q \in \Delta_j} \varphi_q^j(0) E_j^{qk} \sum_{\nu=0}^{3} \beta(j,\nu,q) \left(\varphi_{q_\nu^j}^{j+1}(0)\right)^{-1} E_{j+1}^{-pq_\nu^j} c_p^{j+1} \\
&= N_{j+1}^{-2} \sum_{p \in \Delta_{j+1}} \sum_{q \in \Delta_j} (a_q^j)^2 \Theta_{\frac{\tilde{m}}{2}}\left(\frac{2\pi q}{N_j}\right) E_j^{qk} \sum_{\nu=0}^{3} (a_{q_\nu^j}^{j+1})^{-2} C\left(\frac{2\pi\, q_\nu^j}{N_{j+1}}\right) \times \\
&\quad \left(\Theta_{\frac{\tilde{m}}{2}}\left(\frac{2\pi\, q_\nu^j}{N_{j+1}}\right)\right)^{-1} E_{j+1}^{-p(q_\nu^j)} c_p^{j+1} \\
&= N_{j+1}^{-2} \sum_{q \in \Delta_j} \sum_{\nu=0}^{3} S_{j,\nu}^D(q) A_{j,\nu}^D(q) E_j^{qk}
\end{aligned}$$

其中

$$S_{j,\nu}^D(q) = (a_q^j)^2 (a_{q_\nu^j}^{j+1})^{-2} C\left(\frac{2\pi\, q_\nu^j}{N_{j+1}}\right) \Theta_{\frac{\tilde{m}}{2}}\left(\frac{2\pi q}{N_j}\right) \left(\Theta_{\frac{\tilde{m}}{2}}\left(\frac{2\pi\, q_\nu^j}{N_{j+1}}\right)\right)^{-1} \tag{3.52}$$

$$A_{j,\nu}^D(q) = \sum_{p \in \Delta_{j+1}} c_p^{j+1} E_{j+1}^{-pq_\nu^j} \tag{3.53}$$

进一步,式(3.53)可改写为

$$\begin{aligned}
A_{j,\nu}^D(q) &= \sum_{p \in \Delta_{j+1}} c_p^{j+1} E_{j+1}^{-pq_\nu^j} \\
&= \sum_{\mu=0}^{3} \sum_{p \in \Delta_j} c_{2p+e_\mu}^{j+1} E_{j+1}^{-(2p+e_\mu)q_\nu^j} \\
&= \sum_{\mu=0}^{3} \sum_{p \in \Delta_j} c_{2p+e_\mu}^{j+1} E_{j+1}^{-2pq_\nu^j} E_{j+1}^{-e_\mu q_\nu^j} \\
&= \sum_{\mu=0}^{3} \sum_{p \in \Delta_j} c_{2p+e_\mu}^{j+1} E_j^{-pq} E_{j+1}^{-e_\mu q_\nu^j}
\end{aligned}$$

$$= \sum_{\mu=0}^{3} B_{j,\mu}^{D} E_{j+1}^{-e_\mu q} E_{j+1}^{-e_\mu e_\nu N_j}$$

$$= \sum_{\mu=0}^{3} (-1)^{e_\mu e_\nu} B_{j,\mu}^{D} E_{j+1}^{-e_\mu q}$$

其中

$$B_{j,\mu}^{D}(q) = \sum_{p \in \Delta_j} c_{2p+e_\mu}^{j+1} E_j^{-pq} \tag{3.54}$$

从而

$$c_k^j = N_{j+1}^{-2} \sum_{q \in \Delta_j} \sum_{\nu=0}^{3} S_{j,\nu}^{D}(q) A_{j,\nu}^{D}(q) E_j^{qk}$$

$$= N_{j+1}^{-2} \sum_{q \in \Delta_j} \sum_{\nu=0}^{3} S_{j,\nu}^{D}(q) \sum_{\mu=0}^{3} (-1)^{e_\mu e_\nu} B_{j,\mu}^{D} E_{j+1}^{-e_\mu q} E_j^{qk}$$

$$= N_{j+1}^{-2} \sum_{q \in \Delta_j} \sum_{\mu=0}^{3} B_{j,\mu}^{D} E_{j+1}^{-e_\mu q} \sum_{\nu=0}^{3} (-1)^{e_\mu e_\nu} S_{j,\nu}^{D}(q) E_j^{qk} \tag{3.55}$$

对于 $\mu=1,2,3$，由式(3.49)和式(3.45)类似有

$$d_k^{j,\mu} = \sum_{p \in \Delta_{j+1}} \bar{\chi}_{k,p}^{j,\mu} c_p^{j+1}$$

$$= \sum_{p \in \Delta_{j+1}} \sum_{q \in \Delta_j} \psi_q^{j,\mu}(2^{-(j+1)} e_\mu + 2^{-j} k) \sum_{\nu=0}^{3} b_{\mu,\nu}^{j,q} \alpha_{p,q_v^j}^{j+1} j_p^{j+1}$$

$$= N_{j+1}^{-2} \sum_{p \in \Delta_{j+1}} \sum_{q \in \Delta_j} \sum_{\lambda=0}^{3} b_{\mu,\lambda}^{j,q} (-1)^{e_\mu e_\lambda} \varphi_{q_\lambda^j}^{j+1}(0) E_{j+1}^{q e_\mu} E_j^{qk} \times$$

$$\sum_{\nu=0}^{3} b_{\mu,\nu}^{j,q} (\varphi_{q_v^j}^{j+1}(0))^{-1} E_{j+1}^{-p q_\nu^j} c_p^{j+1}$$

$$= N_{j+1}^{-2} \sum_{q \in \Delta_j} \sum_{\lambda=0}^{3} B_{j,\lambda}^{D} E_{j+1}^{(e_\mu - e_\lambda) q} \sum_{\nu=0}^{3} (-1)^{e_\lambda e_\nu} S_{j,\nu}^{\mu,G}(q) E_j^{qk}, \tag{3.56}$$

其中 $B_{j,\mu}^{D}$ 由式(3.54)定义，

$$S_{j,\nu}^{\mu,G}(q) = b_{\mu,\nu}^{j,q} (\varphi_{q_\nu^j}^{j+1}(0))^{-1} \sum_{\lambda=0}^{3} b_{\mu,\lambda}^{j,q} (-1)^{e_\mu e_\lambda} \varphi_{q_\lambda^j}^{j+1}(0)$$

$$= b_{\mu,\nu}^{j,q} (a_{q_\ell^j}^{j+1})^{-1} \Theta_{\frac{\tilde{m}}{2}}^{-1}\left(\frac{2\pi q_\nu^j}{N_{j+1}}\right) \sum_{\lambda=0}^{3} b_{\mu,\lambda}^{j,q} (-1)^{e_\mu e_\lambda} a_{q_\lambda^j}^{j+1} \Theta_{\frac{\omega}{2}}\left(\frac{2\pi q_\lambda^j}{N_{j+1}}\right) \tag{3.57}$$

反过来，对于重构算法，由式(3.50)，令

$$c_k^{j+1} := c_k^{j+1,D} + \sum_{\mu=1}^{3} c_{\mu,k}^{j+1,G} \tag{3.58}$$

其中

$$c_k^{j+1,D} = \sum_{p\in\Delta_j} h_{p,k}^j c_p^j, c_{\mu,k}^{j+1,G} = \sum_{p\in\Delta_j} \chi_{p,k}^{j,\mu} d_p^{j,\mu}$$

又对于任意 $k\in\Delta_{j+1}$，存在 $0\leqslant\nu\leqslant3$ 及 $l\in\Delta_j$ 使得 $k=2l+e_\nu$，从而

$$c_k^{j+1} = c_{2l+e_\nu}^{j+1,D} + \sum_{\mu=1}^{3} c_{\mu,2l+e_\nu}^{j+1,G}$$

进而由式(3.51)可得

$$\begin{aligned} c_{2l+e_\nu}^{j+1,D} &= \sum_{p\in\Delta_j} D_p^j(2^{-(j+1)}(2l+e_\nu))c_p^j \\ &= \sum_{p\in\Delta_j}\sum_{q\in\Delta_j} \alpha_{p,q}^j \varphi_q^j(2^{-(j+1)}(2l+e_\nu))c_p^j \end{aligned} \tag{3.59}$$

其中

$$\begin{aligned} & R_{j,\nu}^D(q) \\ &= (\varphi_q^j(0))^{-1}\sum_{\mu=0}^{3}\beta(j,\mu,q)(-1)^{e_\mu e_\nu}\varphi_{q_\mu^j}^{j+1}(0) \\ &= (a_q^j)^{-1}\Theta_{\frac{\tilde{m}}{2}}^{-1}\left(\frac{2\pi q}{N_j}\right)\sum_{\mu=0}^{3}\beta(j,\mu,q)(-1)^{e_\mu e_\nu}a_{q_\mu^j}^{j+1}\Theta_{\frac{\tilde{m}}{2}}\left(\frac{2\pi q_\mu^j}{N_{j+1}}\right) \end{aligned} \tag{3.60}$$

$$F_j^D(q) = \sum_{p\in\Delta_j} c_p^j E_j^{-pq} \tag{3.61}$$

类似地，对于 $\mu=1,2,3$，由式(3.51)可得

$$\begin{aligned} c_{\mu,2l+e_\nu}^{j+1,G} &= \sum_{p\in\Delta_j} G_p^{j,\mu}(2^{-(j+1)}(2l+e_\nu))d_p^{j,\mu} \\ &= \sum_{p\in\Delta_j}\sum_{q\in\Delta_j}\lambda_{p,q}^{j,\mu}\psi_q^{j,\mu}(2^{-(j+1)}(2l+e_\nu))c_p^j \\ &= N_j^{-2}\sum_{q\in\Delta_j}(\Gamma_{j,0}^{\mu,G}(q))^{-1}\Gamma_{j,1,\nu}^{\mu,G}(q)F_j^{\mu,G}(q)E_{j+1}^{q(e_\nu-e_\mu)}E_j^{ql} \end{aligned} \tag{3.62}$$

其中

$$\Gamma_{j,0}^{\mu,G}(q) = \sum_{\rho=0}^{3} b_{\mu,\rho}^{j,q}(-1)^{e_\mu e_\rho}a_{q_\rho^j}^{j+1}\Theta_{\frac{\tilde{m}}{2}}\left(\frac{2\pi q_\rho^j}{N_{j+1}}\right) \tag{3.63}$$

$$\Gamma_{j,1,\nu}^{\mu,G}(q) = \sum_{\rho=0}^{3} b_{\mu,\rho}^{j,q}(-1)^{e_\nu e_\rho}a_{q_\rho^j}^{j+1}\Theta_{\frac{\tilde{m}}{2}}\left(\frac{2\pi q_\rho^j}{N_{j+1}}\right) \tag{3.64}$$

$$F_j^{\mu,G}(q) = \sum_{p \in \Delta_j} d_p^{j,\mu} E_j^{-pq} \tag{3.65}$$

上面的分析表明,对于三向坐标系下平行六边形上的 Box 样条周期插值双正交小波的分解与重构算法,利用广义 FFT,我们可以通过下面的步骤来快速实现。

分解算法:

(1)将序列$\{c_k^{j+1}\}_{k \in \Delta_{j+1}}$分裂为四个子序列$\{c_{2p+e_\mu}^{j+1}\}_{p \in \Delta_j;}\mu = 0,1,2,3$;

(2)由式(3.54)利用 FFT 计算出 $B_{j,\mu}^D(\mu = 0,1,2,3)$;

(3)由式(3.52)和式(3.57)求出滤波器

$$\{S_{j,\mu}^D(q);S_{j,\mu}^{\nu,G}(q)\}_{q \in \Delta_j;}\mu = 0,1,2,3;\nu = 1,2,3$$

(4)由式(3.55)和式(3.56)利用 IFFT 计算出序列$\{c_p^j;d_p^{j,\mu}\}_{p \in \Delta_j;}\mu = 1,2,3$。

重构算法:

(1)由序列$\{c_p^j;d_p^{j,\mu}\}_{p \in \Delta_j;}\mu = 1,2,3$ 利用 FFT 及式(3.61)和式(3.65)计算出

$$\{F_j^D(q);F_j^{\mu,G}\}(q \in \Delta_j,\mu = 1,2,3)$$

(2)对于任意 $k \in \Delta_{j+1}$,求出 $0 \leqslant \nu \leqslant 3$ 及 $l \in \Delta_j$ 使得 $k = 2l + e_\nu$;

(3)由式(3.60)、式(3.63)和式(3.64)求出滤波器

$$\{R_{j,\nu}^D(q);\Gamma_{j,0}^{\mu,G}(q);\Gamma_{j,1,\nu}^{\mu,G}(q)\}(q \in \Delta_j;\mu = 1,2,3)$$

(4)由式(3.59)和式(3.62)利用 IFFT 求出序列$\{c_{21+e_\nu}^{j+1,D};c_{\mu,21+e_\nu}^{j+1,G}\}$;

(5)由式(3.58)得到序列$\{c_k^{j+1}\}_{k \in \Delta_{j+1}}$。

第4章 小波在手指静脉图像增强中的应用

4.1 手指静脉识别的历史、原理和优势

目前,个人身份识别技术在很多领域都有着广泛的应用,例如,区域访问控制、PC登录、电子商务以及公司考勤系统等。生物测量技术是对人的生物特征以及行为特征进行统计学测量的技术。由于钥匙、密码等传统的安全技术在被盗或者遗失的情况下会出现问题,而且比较依赖于用户的记忆,因而近些年来,将生物测量技术应用于个人身份识别方面的研究成了热点。

手指静脉识别属于生物识别的一种。1992年,文献[94]报道可将该技术作为一种新的生物特征识别技术。2000年,Kono等在日本日立公司的资助下,首次研制出用于人员识别的手指静脉红外识别系统[95],并将其应用于人员识别。它是根据人体骨骼、肌肉组织的特点,当近红外光谱的入射光波长在0.72~1.10 μm时,照射手指可较好地穿透骨骼和肌肉,凸现出静脉结构,然后由红外CCD(Charge Coupled

Device)摄像机成静脉图像来识别个体。因此只要我们有较好的近红外采集设备,完全可以拍摄到满足要求的静脉图像。医学研究以及国际上对手指静脉识别的研究表明,所有人的手指静脉几乎都不一样,即使双胞胎也不一样。绝大多数人的静脉血管图像随着年龄增长不会发生根本性的变化,所以,识别手指静脉在理论上是可行的。

作为一种新的生物测定识别技术,它的识别方式是非接触式,且手指静脉在一定时期内很难改变。因此基于人体手指静脉的生物测定识别系统,在人员识别方面与指纹等其他生物特征相比具有一些独特的优势:

(1)具有很强的普遍性和唯一性。人的手指静脉千差万别,没有两个人的手指静脉是完全相同的,并且手指静脉随着年龄增长不会有大的变化。

(2)静脉血管位于体表内,是非接触性的信息采集,不会造成采集界面的污染。

(3)由于是身体内部的血管特征,很难伪造或是通过手术改变。

(4)对于外部污染、轻伤等情况,具有优秀精密的安全判断性,可以避免一旦表皮受损害而无法进行指纹识别的缺陷。

(5)手指静脉识别与其他生物识别相比(如 DNA、虹膜),采集过程十分友好,具有更多的亲和性,不会有使人联想到犯罪性质的恐慌。

(6)由于手指静脉形状的相对稳定性和捕捉影像的清晰性,所以可对低分辨率相机拍摄的图样资料进行小型的简单数据影像技术处理。

(7)设备成本低,具有广泛的市场应用前景。

因此,手背静脉识别被认为是一种较为理想的生物测定识别技术。该课题得到了计算机视觉、电子工程、模式识别等领域研究者们的高度关注。国际上有很多科研机构开始着手相关的研究工作,比较著名的是美国的 Tennessee 大学的媒体实验室和人工智能实验室、日本 Keio 大学应用物理研究所。在国内,静脉识别技术的研究工作也开展得如火如荼,有关静脉识别技术的学术交流十分活跃。一些计算机视觉、模式识别领域的重要国际学术会议(如 ICCV,ICPR,CVPR 等)都纷纷开始设有静脉识别的专题。哈尔滨工业大学、深圳及北京的一些软件开发企业也开始进行手指静脉识别系统的研发。

4.2 手指手背静脉图像增强研究综述

2004 年,Miura,Nagasaka,Miyatake 提出了重复线形跟踪法[96]。这种方法是在不同的位置开始重复进行线形跟踪,能够探测到局部的黑线,而线形跟踪将沿着黑线逐坐标地进行。当黑线探测不到时,新的跟踪操作将在另一个位置重新开始。通过多次重复执行局部线形跟踪操作,图像中所有的黑线都将被跟踪,最终这些黑线的轨迹将重叠在一起,而手指静脉的模式特征便由此得到了。这种算法具有比较好的鲁棒性,取得了较好的图像增强效果,但由于其未考虑图像各部分区域亮度水平的不同,静脉图案上会有一些孤立的点、断续的疑似静脉或者丢线现象。2005 年,笔者提出了四邻点阈值图像法[97],远好于单阈值的分割效果。2007 年,赵江魏、笔者和梁学章等提出了移动模板均衡化和整体模板均衡化相结合的方法[98],一定程度上减弱了应连接未连接的毛病。李铁钢等[99]提出了一种基于复值二维 Gabor 变换的手指静脉识别算法。

由于人的手背比手指有更为丰富的静脉血管,可以提取更多的人体特征,图像增强和特征提取效果相对更好,因此,国内外研究者们开始尝试对人体手背静脉成像技术及识别方法进行研究(但由于手指静脉识别方法可以和已经非常成熟的指纹识别同时进行,所以有着手背静脉识别不可代替的好处)。

2000 年,Im 等提出了一种手背静脉识别算法[100],主要包括三大部分:图像获取、图像预处理、手背静脉分类。图像预处理部分算法包括 Gauss 低通滤波、Gauss 高通滤波、阈值处理、双线性滤波及改进的中值滤波等。通过对 500 个样本(50 人,每人采集 10 幅静脉图)进行实验,识别率达到 94.88%。2001 年,Im 等运用行滤波器提取静脉血管图像的横坐标灰度特征,同时用列滤波器提取静脉血管图像的纵坐标灰度特征[101]。这两篇论文中的方法速度较快,但实验成本比较高。2003 年,林喜荣等[110]利用自行设计的近红外血管图像采集仪获取手背静脉血管的原始图像。

采用分区动态二值化方法增强,匹配算法中,以端点、交叉点为基础进行特征比对。2004年,Tanaka等[102]提出了一种“Phase only correlation”的方法对图像进行特征提取。在特征匹配时,通过计算测试样本与注册样本之间的最小错误率来进行身份确认。2005年,Cross等[103]对手背静脉图像利用二值化、静脉血管图像细化、静脉纹线的断点修复等一系列图像处理方法来提取手背静脉特征。在匹配算法中,用逐点像素比对法匹配。但是可看到细化后的静脉图像丢失了很多原始静脉信息。王科俊等[111]提出了一种新的手背静脉图像阈值分割方法,此方法与笔者的四邻点阈值图像法类似。2006年,Badawi[104]用中值滤波对手背静脉图像进行预处理,用与Cross类似方法和类似但更大的实验样本数实验,效果都比以往有很大提高,但逐点像素匹配算法存在运算量过大的问题。后来Wang等[105]采集整个手掌张开状态时手背静脉图像,使用中值滤波器去除手背静脉图像毛刺,之后二值化、细化等提取手背静脉特征,然后进行静脉分类。实验样本数比较少,不过实验结果较为理想。Zhang等[106]提出了基于脊波变换和人工神经网络的方法。应用局部互联神经网络提取静脉图像特征,有效地解决了对模糊图像的识别能力,采集了80人(每个人分别采左右手图像),一共160幅手背静脉图像用于系统的测试。该方法仅获得0.140%的错误率,速度不快但效果很好。2007年,周斌、林喜荣等[107]根据手背血管纹理粗大,交点、叉点等细节特征少,没有明显的周期性纹理,有效信息集中在低频部分的特点,利用分水岭算法获取纹理信息。其特点是始终对样本进行整体处理,把手背血管纹理的各种信息进行综合,将其转化为点特征。该算法利用分水岭算法得到带有血管纹理特征信息的特征点,然后采用多分辨率滤波的方法从大量特征点中提取特征向量,最后利用相关算法对特征向量进行匹配。最后使用相关算法针对来自53个手背血管的265个样本进行了特征相关匹配实验,其最小错误率仅为4.31%。张晋阳,孙懋珩等[108]对手背静脉二值化图像采用四邻域区域生长的方法,去除噪声斑块。针对快速细化算法细化后骨架中所引入的另一类噪声-毛刺和静脉图像细化后的特点,提出了一种毛刺修复算法。经过该算法处理后得到的骨架图像,能够较好地反映静脉纹理特性。2008年,吕佩卓等[109]提出了一种自适应的手背静脉区域定位分割算法。利用曲线弯曲度来寻找手背图像的边缘特征点以确定手背外侧边缘的目标曲线段,使用最小二乘法进行曲线段的直线拟合,然后定位分割出手背静脉有效区域的图像。实验证明该算法具有自适应性、定位准确、速度快的特点。

4.3 基于静态小波变换去噪的四邻点多阈值图像法及仿真实验

由于手指静脉图像采集系统受采集时间、光强和个人手指厚度影响,所以,它所采集的图像在灰度分布图上有很大差异。如果同一个人在不同光线情况下采集的灰度图像相差过大,会给随后的匹配增加难度,而图像增强处理是获取有效信息的保证。因此对手指静脉图像作一些包括增强在内的预处理是非常重要的。

专门用于手指静脉图像处理的算法并不多,最经典的方法是对手指静脉图像的重复线形跟踪法[96],而国内针对手背静脉图像增强的方法有分区动态二值化方法[110]、阈值图像法[111]、方向微分直方图法[112]。

我们提出了一种基于静态小波变换去噪的四邻点多阈值图像法,对抑制噪声、增强对比度的效果很好,对一定量样本库的识别也证明了方法的有效性。具体算法如下。

1)规范化

为了便于以后的特征提取和模式识别,我们首先对手指静脉图像进行规范化,依靠在边缘补上零像素使图像成为 256×256 的图像。

2)基于静态小波变换的图像去噪

小波变换将信号在不同的频带上展开,使得我们可以根据各个频段的特点分别加以处理。在 Mallat 算法中,每次滤波后都要经过 2∶1的亚采样,对应于图像边缘或不连续点的小波系数可能被抽采样,直接造成了图像分解和合成的非稳定性。为了克服这种缺陷,引入了静态小波变换算法[113]。

静态小波的分解分为以下两步进行说明:

(1)原始信号 s 分别与低通滤波器Lo_D 和高通滤波器 Hi_D 作卷积,得到逼近系数 cA_j 和细节系数 cD_j,如图4.1所示。

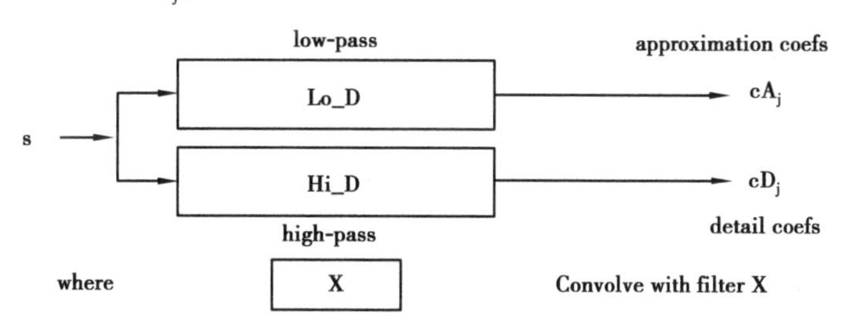

图4.1　与滤波器作卷积

(2)与 Mallat 算法不同,不对第一步的结果进行亚采样,而是对低通和高通滤波器作插零操作,然后用新的低通滤波器 F_j 和高通滤波器 G_j 与信号 cA_j 作卷积,得到新的逼近信号和细节信号,完成一次静态小波分解(文中所用小波为文献[9]中的db3),如图4.2所示。

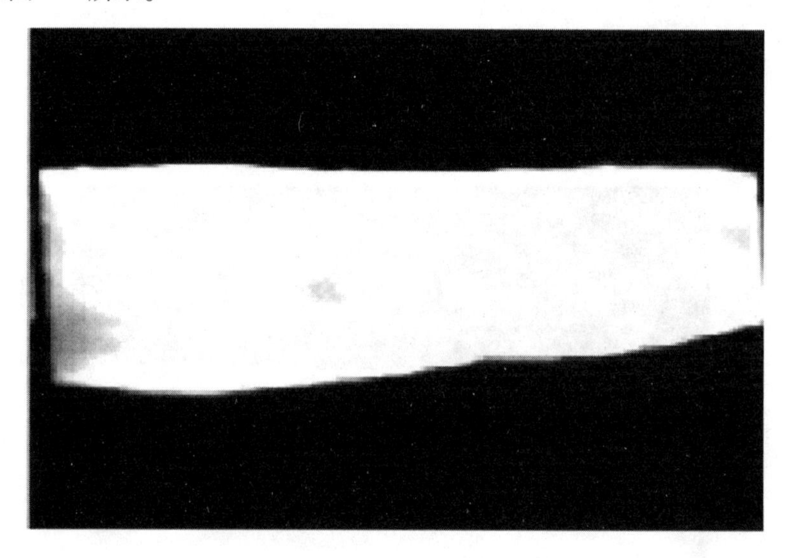

图4.2　静态小波分解后的图像

由于卷积后并没有对信号作向下采样,所以每个分解层的信号长度和原信号相同。

将图像作静态小波分解后,和普通的小波变换一样,原图像被分解为三个不同的频带:低频 LL,中频 LH 和 HL,以及高频 HH。如图4.3—图4.6所示。根据这三个频层的特点分别作降噪处理:

(1)低频:低频含有图像的主要信号特征,是原始图像的近似图像,用软阈值方法可以使去噪后的图像相对平滑,不会出现较大的视觉失真,所以对低频采用软阈值的方法,设阈值为 T_1,阈值公式为

$$\hat{x}=\begin{cases}\operatorname{sign}(Y)(|Y|-T_1), & |Y|\geqslant T_1,\\ 0, & |Y|<T_1。\end{cases}$$

(2)中频:对于手指静脉图像来讲,静脉边缘是图像的重要特征,而且知道,图像的边缘特征大都保留在小波变换后的中频带,而通过实验发现,静脉的边缘特征在中频带中往往以极值点表现出来。所以,对于中频带来说,只保留图像中的极值点,而对于其他点都置为0。

(3)高频:高频含有图像的大部分噪声,而且孤立的噪声点比较多,所以没有必要考虑高频图像的平滑特性,而是直接采用硬阈值[114]的方法,设阈值为 T_2,阈值公式为

$$\hat{x}=\begin{cases}Y, & |Y|\geqslant T_2,\\ 0, & |Y|<T_2。\end{cases}$$

图4.3　低频LL图像

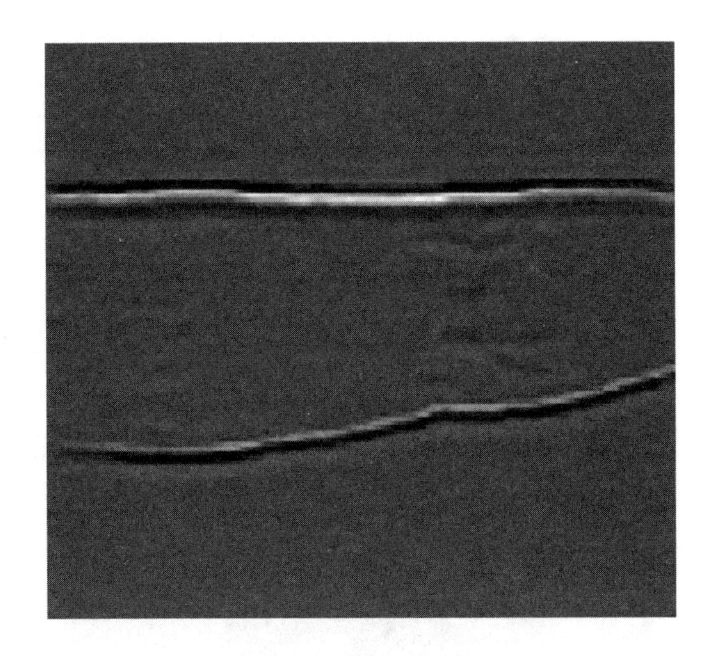

图4.4　中频 LH 图像

图4.5　中频 HL 图像

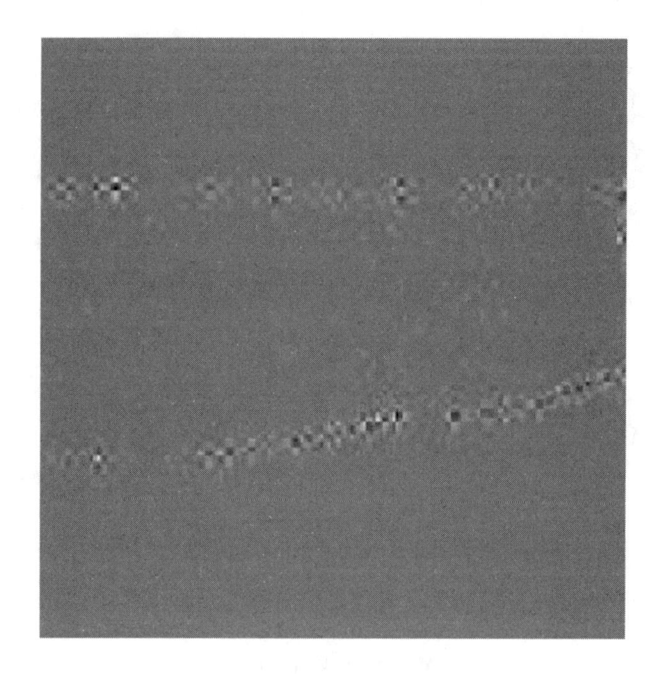

图 4.6　高频 HH 图像

最后,对处理完的各个频层作小波重构,得到降噪后的图像。

通过观察灰度直方图和灰度矩阵,发现背景像素的灰度值是零,手指边缘一些特别大的灰度值表示的也不是血管,这些像素在归一化时不作考虑。对于其他像素,其灰度范围大小为[0, 255], 利用灰度值拉伸大大增强了对比度。公式如下:

$$F(m,n) = \frac{f(m,n) - \min f}{\max f - \min f} \times 255 \tag{4.1}$$

其中 $f(m,n)$, $F(m,n)$, min, max 分别表示原始图像的灰度值、变换后图像的灰度值、原始图像所考虑图像像素值中最小值和最大值。

3)四邻点阈值图像法

因为手指不同部位也许有不同的阈值,经典的多阈值、单阈值分割方法不太适合手指静脉图像分割。多阈值的分割效果好于单阈值。随着阈值增加,分割效果一般会更好。前面提到的阈值图像方法被用于人体手背静脉图像的二值化,鉴于手背和手指静脉图像的相似性,利用该方法基本思想加以修改,成为四邻点阈值图像法。算法如下。

首先要求图像足够平滑,在此基础上进行阈值分割。分割过程第一步和平滑图像算法一样，用大小为 17×17 的模板对图像进行均值滤波。然后新创建一个位图，设置新创建的位图的每一个像素点灰度初始值都为 0，原始图像为 TT。从左下角开始，用模板计算得到第一个灰度值 T_0，它对应的像素位置应该是(9，9)，然后设置新位图的(9，9)点的灰度值为 T_0，即 $T(9,9)=T_0$，然后把整个模板右移一个像素，计算出新阈值 T_1 作为新位图(9，10)点的灰度，即 $T(9,10)=T_1$，以此类推，直到计算出整个过程阈值图像 $T(x,y)$。再把图像分成 2×2 的小块，令这 4 个点的平均值作为这 4 个点的新的灰度值，得到的图像称为阈值图像。

得到阈值图像后，利用下面的式子对原图像作二值化处理，最终得到静脉图像。当然，这样会丢失边界上的 8 个点，可以通过预先人为扩大图像等途径来解决。

$$f(m,n)=\begin{cases}0 & f(m,n)>T(m,n),\\255 & f(m,n)\leqslant T(m,n)。\end{cases}\tag{4.2}$$

阈值图像法实质上是一种多阈值的图像分割方法，只是每个点的最终灰度值都参考了模板内部的各个点的灰度值，具有局部阈值特性，所以可以得到比较好的结果。

4）消除块状噪声和去毛刺

阈值图像法的分割效果很好，但会引入块状噪声，这些块状噪声的面积很小且孤立，可以根据这两点面积删除它们。另外血管边界上还会出现毛刺，可通过中值滤波的方法去除。原始图像和去噪后图像分别如图 4.7 和图 4.8 所示。

5）仿真实验

基于静态小波变换软硬阈值去噪的四邻点阈值图像法的实验步骤如下：

（1）基于静态小波变换的图像软硬阈值去噪；

（2）灰度归一化；

（3）四邻点阈值图像法和二值化；

（4）消除块状噪声和去毛刺。

从实验结果可以看出，本节的算法对于增强静脉图像是有效的，由于采用先小波去噪的方法，所以结果图像中孤立的噪声点很少，图像比较平滑，而且四邻点阈值化使得二值化之前的图像质量已经达到了不错的效果，如图 4.9 所示。

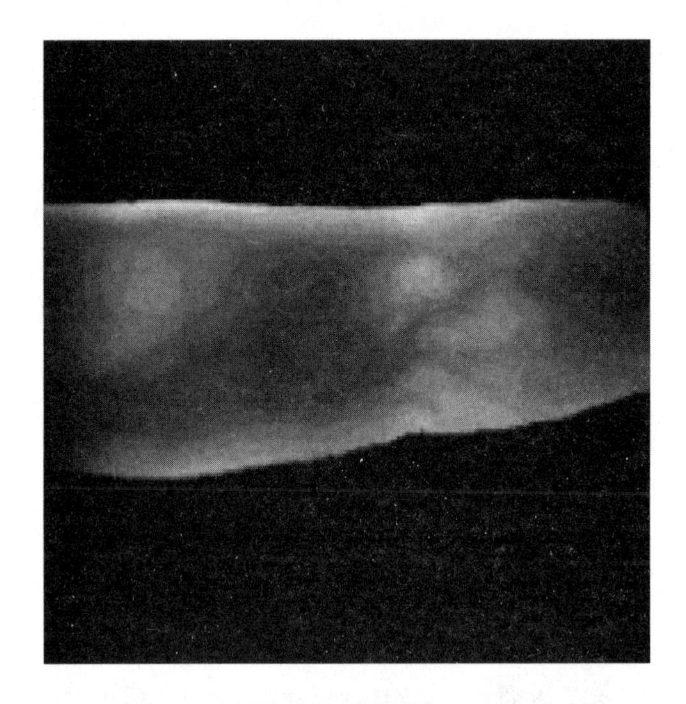

图4.7　原始图像

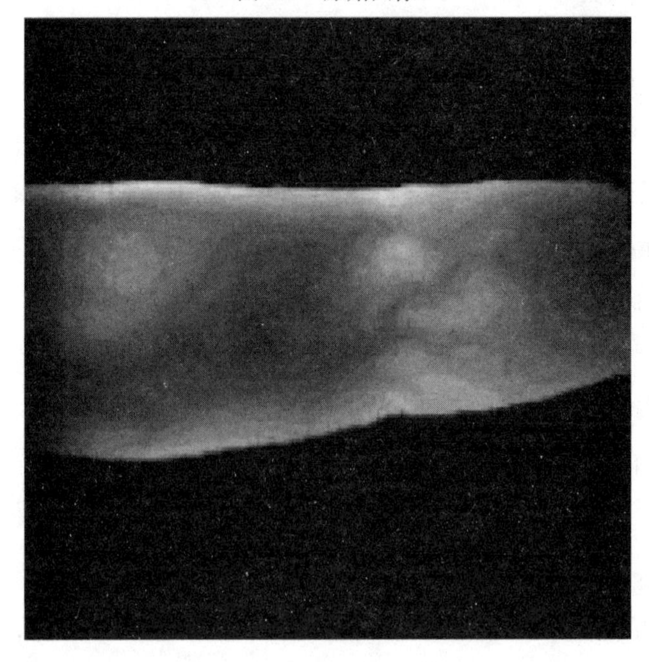

图4.8　去噪图像

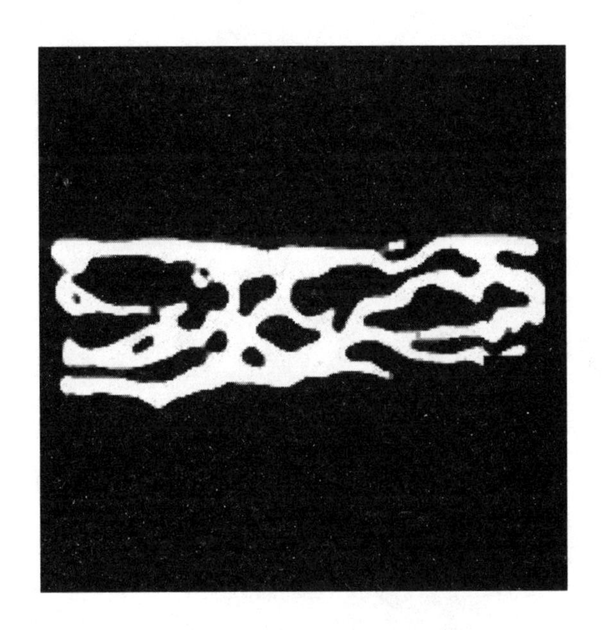

图 4.9　增强去噪后的二值图像

参考文献

[1] HAAR A. Zur Theorie der orthogonalen Funktionensysteme[J]. Math Annalen, 1910(69):331-371.

[2] GABOR D. Theory of communication[J]. J Inst Elect Eng, 1946(93): 429-457.

[3] GROSSMANN A, MORLET J. Decomposition of hardy functions into square integrable wavelets of constant shape[J]. SIAM J Math Anal, 1984(15): 723-736.

[4] MEYER Y. Principe d'incertitude, bases hilbertiennes et algebres d'operateurs[J]. Bourbaki Seminar, 1985(38): 209-223.

[5] MALLAT S G. Multiresolution approximations and wavelet orthonormal bases of $L^2(R)$ [J]. Trans Amer Math Soc, 1989, 315(1):69-87.

[6] MEYER Y. Ondelettes et operateurs I: Ondelettes[J]. Hermann, 1991(3): 253-264.

[7] DAUBECHIES I. Orthonormal bases of compactly supported wavelets[J]. Commun on Pure Appl Math, 1988, 41(7):909-996.

[8] COHEN A, DAUBECHIES I, FEAUVEAU J C. Biorthogonal bases of compactly supported wavelets[J]. Commun on Pure Appl Math, 1992(45): 485-560.

[9] DAUBECHIES I. Ten lectures on wavelets, CBMS-NSF regional conference series in applied mathematics[M]. Philadelphia: SIAM, 1992.

[10] 程正兴.小波分析算法与应用[M].西安:西安交通大学出版社, 1998.

[11] 程正兴,杨守志,冯晓霞.小波分析的理论　算法　进展和应用[M].北京:国防工业出版社,2007.

[12] 崔锦泰.小波分析导论[M].程正兴,译.西安:西安交通大学出版社, 1995.

[13] 梁学章,何甲兴,王新民,等,小波分析[M].北京:国防工业出版社,2005.

[14] BENEDETTO J J, FRAZIER M W. Wavelets: mathematics and applications[M]. Florida: CRC Press,1994.

[15] COHEN A. Numerical analysis of wavelet methods[M]. Amsterdam: North-Holland, 2003.

[16] LOUIS A K, MAAB P, RIEDER A. Wavelets: theory and applications[M]. Chichester: John Wiley & Sons, Incs., 1997.

[17] MALLAT S. A wavelet tour of signal processing[M]. 2nd ed. San Diego: Academic Press, 1999.

[18] WOJTASZCZYK P. A mathematical introduction to wavelets[M]. Cambridge: Cambridge University Press, 1997.

[19] HEIL C, WALNUT D F. Fundamental papers in wavelet theory[M]. Princeton: Princeton University Press, 2006.

[20] XIA X G, ZHANG Z. On sampling theorem, wavelets and wavelet transforms[J]. IEEE Trans Signal Process, 1993, 41(12): 3524-3525.

[21] ALPERT B K. A class of bases in L^2 for the sparse representations of integral operators[J]. SIAM J Math Anal, 1993, 24(1): 246-262.

[22] BOOR C D, DEVORE R, RON A. On the construction of multivariate (pre)wavelets[J]. Constr Approx, 1993(9): 123-166.

[23] GOODMAN T N T, LEE S L, TANG W S. Wavelets in wandering subspaces[J]. Trans Amer Math Soc, 1993, 338(2): 639-654.

[24] HERVE L. Multi-resolution analysis of multiplicity d: applications to dyadic interpolation[J]. Appl Comput Harmon Anal, 1994(14): 299-315.

[25] GERONIMO J S, HARDIN D P, MASSOPUST P R. Fractal functions and wavelet expansions based on several scaling functions[J]. SIAM J Math Anal, 1994, 78 (3): 373-401.

[26] DAHLKE S, GRÖCHENIG K, MAASS P. A new approach to interpolating scaling functions[J]. Appl Anal, 1999, 72(3/4): 485-500.

[27] DAHLKE S, MAAβ P. Interpolating refinable and wavelets for general scaling[J]. Numer Funct Anal Optim, 1997, 18(5/6): 521-539.

[28] COHEN A, DAUBECHIES I, PLONKA G. Regularity of refinable function vectors [J]. J Fourier Anal Appl, 1997(3): 295-324.

[29] MICCHELLI C A, SAUER T. Continuous refinable functions and self similarity [J]. Vietnam Math, 2003, 31(4): 449-464.

[30] SHEN Z W. Refinable function vectors[J]. SIAM J Math Anal, 1998, 29(1): 235-250.

[31] STRELA V, WALDEN A T. Signal and image denoising via wavelet thresholding: orthogonal and biorthogonal, scalar and multiple wavelet transforms[M]. Cambridge: Cambridge University Press, 2000.

[32] SELESNICK I W. Interpolating multiwavelet bases and the sampling theorem[J]. IEEE Trans Signal Process, 1999, 47(6): 1615-1621.

[33] HAN B. Symmetric multivariate orthogonal refinable functions[J]. Appl Comput Harmon Anal, 2004, 17(3): 277-292.

[34] DERADO J. Nonseparable, compactly supported interpolating refinable function with arbitrary smoothness[J]. Appl Comput Harmon Anal, 2001, 10(2): 113-138.

[35] DESLAURIERS G, DUBOIS J, DUBUC S. Multidimensional iterative interpolation [J]. Can J Math, 1991(43): 297-312.

[36] HAN B, JIA R Q. Optimal interpolatory subdivision schemes in multidimensional spaces[J]. SIAM J Math Anal, 1998, 36(1): 105-124.

[37] HAN B, JIA R Q. Quincunx fundamental refinable functions and quincunx biorthogonal wavelets[J]. Math Comput, 2002(71): 165-196.

[38] RIEMENSCHNEIDER S D, SHEN Z W. Multidimensional interpolatory subdivision schemes[J]. SIAM J NVumer Anal, 1997, 34(6): 2357-2381.

[39] RIEMENSCHMEIDER S D, Shen Z W. Construction of compactly supported biorthogonal wavelets in $L_2(R^d)$ II, Wavelet Applications in Signal and Image Processing VII[C]//Proceedings of the SPIEE 1999: 264-272.

[40] CHUI C K, JIANG Q T. Matrix-valued symmetric templates for interpolatory surface subdivisions: I. Regular vertices[J]. Appl Comput Harmon Anal, 2005, 19(3): 303-339.

[41] CONTI C, ZIMMERMANN G. Interpolatory rank-1 vector subdivision schemes [J]. Comput Aided Geom Des, 2004, 21(4): 341-351.

[42] HAN B, YU T P Y, PIPER B. Multivariate refinable hermite interpolant[J]. Math Comput, 2004, 73(248) :1913- 1935.

[43] HAN B. Compactly supported tight wavelet frames and orthonormal wavelets of exponential decay with a general dilation matrix[J]. J Comput Appl Math, 2003(155): 43-67.

[44] HAN B. Vector cascade algorithms and refinable function vectors in Sobolev spaces [J]. J Approx Theory, 2003, 124(1): 44-88.

[45] HAN B. Approximation properties and construction of Hermite interpolants and biorthogonal multiwavelets[J]. J Approx Theory, 2001, 110(1): 18-53.

[46] JIA R Q, MICCHELLI C A. On linear independence of integer translates of a finite number of functions[J]. Proc. Edinburg Math Soc, 1992, 36(1): 69-85.

[47] JIA R Q, JIANG Q T. Spectral analysis of the transition operator and its applications to smoothness analysis of wavelets[J]. SIAM Matric Anal Appl, 2003, 24:

1071-1109.

[48] HAN B. Solution in Sobolev spaces of vector refinement equations with a general dilation matrix[J]. Adv Comput Math, 2006(24): 375-403.

[49] KOCH K. Interpolating scaling vectors[J]. Int J Wavelets Multiresolution Info Process, 2005, 3(3): 389-416.

[50] KOCH K. Multivariate orthonormal interpolating scaling vectors[J]. Appl Comput Harmon Anal, 2007, 22(2): 198-216.

[51] HAN B, KWON S G, ZHUANG X S. Generalized interpolating refinable function vectors[J]. J Comput Appl Math, 2009, 227(2): 254-260.

[52] 孙佳宁. 多元插值型可加细函数的构造与小波在图像隐藏技术中的应用[D]. 长春:吉林大学,2008.

[53] EHLER M. On multivariate compactly supported bi-frames[J]. J Fourier Anal Appl, 2007, 13(5): 511-532.

[54] ZHOU D X. Interpolatory orthogonal multiwavelets and refinable functions[J]. IEEE Trans Signal Process, 2002, 50(3): 520-527.

[55] HAN B. The initial functions in a cascade algorithm[C]//Proceedings of International Conference of Computational Harmonic Analysis, 2002.

[56] CHUI C K, LI C. A general framework of multivariate wavelets with duals[J]. Appl Comput Harmon Anal, 1994, 1(4): 368-390.

[57] LEBRUN J, VETTERLI M. Balanced multiwavelets: theory and design[J]. IEEE Trans Signal Process, 1998, 46(4): 1119-1125.

[58] CHUI C K, JIANG Q T. Multivariate balanced vector-valued refinable functions, Modern developments in multivariate approrimation[C]//Proceedings of the 5th international conference, 2003, 145:71-102.

[59] HAN B. Bivariate (Two-dimensional) Wavelets[M]. New York: Springer, 2009.

[60] HAN B. Symmetry property and construction of wavelets with a general dilation matrix[J]. Linear Algebra Appl, 2002, 353(1-3): 207-252.

[61] CABRELLI C, HEIL C, MOLTER U. Accuracy of lattice translates of several multidimensional refinable functions[J]. J Appror Theory, 1998(95): 5-52.

[62] CHEN D R, HAN B, RIEMENSCHNEIDER S D. Construction of multivariate biorthogonal wavelets with arbitrary vanishing moments[J]. Adv Comput Math, 2000, 13(2): 131-165.

[63] CHUI C K, HE W J, STÖCKLER J. Compactly supported tight and sibling frames with maximum vanishing moments[J]. Appl Comput Harmon Anal, 2002, 13(3): 224-262.

[64] CHUI C K, JIANG Q T. Balanced multi-wavelets in R^s[J]. Math Comput,2005, 74(251): 1323-1344.

[65] CHUI C K, MHASKAR H N. On trigonometric wavelets[J]. Constr Approx, 1993, 9(2): 167-190.

[66] NARCOWICH F J, WARD J D. Wavelets associated with periodic basis functions [J]. Appl Comput Harmonic Anal, 1996, 3(1): 40-56.

[67] PLONKA G, TASCHE M. Periodic splines and wavelets[R]. Mathematik: Universitat Rostock,1993.

[68] PLONKA G, TASCHE M. On the computation of periodic spline wavelets[J]. Applied and Computational Harmonic Analysis, 1995(2): 1-14.

[69] PLONKA G, TASCHE M. A unified approach to periodic wavelets[J]. Wavelet Analysis and Its Applicatioins, 1994(5): 137-151.

[70] KOH Y W, LEE S L, TAN H H. Periodic orthogonal splines and wavelets[J]. Applied and Computational Harmonic Analysis, 1995, 2(3): 201-218.

[71] CHEN H L. Construction of orthonormal wavelets in the periodic case[J]. Chinese Science Bulletin, 1996(14): 552-554.

[72] CHEN H L, XIAO S L. Periodic cardinal interpolatory wavelets[J]. Chin Ann of Math, 1998(2): 133-142.

[73] CHEN H L, LI D F. Construction of multidimensional biorthogonal periodic multiwavelets [J]. Chinese Journal of Contemporary Mathematics, 2000 (21): 223-232.

[74] CHEN H L, LIANG X Z, PENG S L, et al. Real-valued periodic wavelets: construction and relation with Fourier series [J]. J Comp Math, 1999, 17(5): 509-522.

[75] 李登峰,彭思龙,陈翰麟. 一类周期小波的局部性质[J]. 数学学报, 2001, 44(5): 947-960.

[76] CHEN H L, PENG S L. Local properties of cardinal interpolatory function [J]. ACTA Math Sinica (English Series), 2001, 17(4): 613-620.

[77] 彭思龙, 李登峰, 湛秋辉. 周期小波理论及其应用[M]. 北京:科学出版社,2003.

[78] GOH S S, LEE S L, TEO K M. Multidimensional periodic multiwavelets[J]. J Approx Theory, 1999, 98(1): 72-103.

[79] SCHOENBERG I J. Contributions to the problem of approximation of equidistant data by analytic functions[J]. Appl Math, 1946(4): 45-99.

[80] BOOR C D, DEVORE R. Approximation by smooth multivariate splines[J]. Trans Amer Math Soc, 1983, 276(2): 775-788.

[81] CHUI C K. Multivariate Splines[M]. Philadelphia : SIAM Publication, 1988.

[82] DAHLEN M. On the evaluation of box splines [M]. New York: Academic Press, 1989.

[83] BOOR C D. On the evaluation of box splines[J]. Numer Algorithms, 1993(5): 5-23.

[84] BOOR C R D, HÖLLIG K, RIEMENSCHNEIDER S D. Box Splines[M]. New York: Springer-Verlag, 1993.

[85] KOBBELT L. Stable evaluation of box-splines[J]. Numer Algorithms, 1997(14): 377-382.

[86] 梁学章,金光日.二元样条与小波[C]//天津数学计算年会文集,2003.

[87] CHUI C K, STCKLER J, WARD J D. Compactly supported box-spline wavelets [J]. Approx Theory Appl, 1992(3): 77-100.

[88] RIEMENSCHNEIDER S D, SHEN Z W. Wavelets and pre-wavelets in low dimensions[J]. J Approx Theory, 1992, 71(1): 18-38.

[89] HE W J, LAI M J. Construction of bivariate compactly supported biorthogonal box spline wavelets with arbitrarily high regularities[J]. Appl Comp Harm Anal,1999 (6): 53-74.

[90] LIANG X Z, JIN G R, CHEN H L. Bivariate box-spline wavelets[M]. Kluwer: Academic Publishers, 1995.

[91] SUN J C. Multivariate Fourier series over a class of non tensor-product partition domains[J]. J Comp Math, 2003(1): 53-62.

[92] 李强,梁学章.平行六边形上的周期正交小波[J].吉林大学学报(理学版), 2005, 43(2): 142-148.

[93] LI Q, SU L T, LIANG X Z. Implementation of fast algorithms for biorthogonal periodic interpolatory wavelets[J]. Journal of Information and Computational Science, 2007, 4(2): 545-552.

[94] SHIMIZU K. Optical trans-body imaging-feasibility of optical CT and functional imaging of living body[J]. Medicina Philosophica, 1992(11): 620-629.

[95] KONO M, UEKI H, UMEMURA S I. Near-infrared finger vein patterns for personal identification[J]. Applied Optics, 2002, 41(35): 7429-7436.

[96] MIURA N, NAGASAKA A, MIYATAKE T. Feature extraction of finger vein patterns based on iterative line tracking and its application to personal identification [J]. Systems and Computers in Japan, 2004, 35(7): 61-71.

[97] WEN X B, LIANG X Z, ZHANG J L. A new algorithm for enhancing the contrast of finger-vein image[J]. Journal of Information and Computational Science,2006 (3): 929-934.

[98] 温学兵,赵江魏,梁学章. 基于小波去噪和直方图模板均衡化的手指静脉图像增强[J]. 吉林大学学报(理学版),2008, 46(2): 291-293.

[99] 李铁钢. 静脉识别算法研究[D]. 长春: 吉林大学,2007.

[100] IM S K, CHOI H S, KIM S W. A Direction-based vascular pattern extraction algorithm for hand vascular pattern verification[J]. ETRI Journal, 2003, 25(2): 101-108.

[101] IM S K, PARK H M, KIM Y W, et al. An biometric identification system by extracting hand vein patterns[J]. Journal of the Korean Physical Society, 2001, 38(3): 268-272.

[102] TANAKA T, KUBO N. Biometric authentication by hand vein patterns[C]//SICE 2004 Annual Conference, 2004.

[103] CROSS J M, SMITH C L. Thermographic imaging of the subcutaneous vascular network of the back of the hand for biometric identification[C]//Proceedings Institute of Electrical and Electronics Engineers 29th Annual 2005 International Carnahan Conference on Security Technology, 2005.

[104] BADAWI A M. Hand vein biometric verification prototype: a testing performance and patterns similarity[C]//Proceedings of The 2006 International Conference on Image Processing,Computer Vision, and Pattern Recogni-tion,2006.

[105] WANG L Y, LEEDHAM G. A thermal hand vein pattern verification system[J]. Pattern Recognition and Image Analysis, 2005(3687): 58-65.

[106] ZHANG Y, HAN X, MA S L. Feature extraction of hand-vein patterns based on ridgelet transform and local interconnection structure neural network[J]. Lecture Notes in Control and Information Sciences,1970(345): 870-875.

[107] 周斌,林喜荣,贾惠波,等. 多特征融合的手背血管识别算法[J]. 清华大学学报(自然科学版),2007,47(2): 194-197.

[108] 张晋阳,孙懋珩. 手背静脉图像骨架特征提取的算法[J]. 计算机应用,2007,27(1): 152-154.

[109] 吕佩卓,赖声礼,陈佳阳,等. 一种自适应的手背静脉区域定位算法[J]. 微计算机信息,2008,24(4):208-209, 296.

[110] 林喜荣,庄波,苏晓生,等. 人体手背血管图像的特征提取及匹配[J]. 清华大学学报(自然科学版),2003,43(2):164-167.

[111] 王科俊,丁宇航,王大振. 基于静脉识别的身份认证方法研究[J]. 科技导报,2005,23(1):35-37.

[112] 张会林,简献忠. 人体手背静脉血管图像增强处理算法研究[J]. 仪器仪表学报,2005,26(增刊8):729-731.

[113] SHENSHA M J. The discrete wavelet transform: wedding the a trous and mallat algorithms[J]. IEEE Trans Signal Processing, 1992,40(10):2464-2482.

[114] DONOHO D L, JOHNSTONE I M. Ideal spatial adaptation by wavelet shrinkage [J]. Biometrika,1994, 81(3):425-455.